本书由

　　　　大连市人民政府资助出版

The published book is sponsored

by the Dalian Municipal Government

大连理工大学学术文库

深水组合式
网箱水动力特征研究

Shenshui Zuheshi

Wangxiang Shuidongli Tezheng Yanjiu

许条建　董国海　郝双户　著

大连理工大学出版社

图书在版编目(CIP)数据

深水组合式网箱水动力特征研究 / 许条建,董国海,
郝双户著. -- 大连 : 大连理工大学出版社,2020.6
(大连理工大学学术文库)
ISBN 978-7-5685-2217-5

Ⅰ. ①深… Ⅱ. ①许… ②董… ③郝… Ⅲ. ①深海-
海水养殖-网箱养殖-水动力学-研究 Ⅳ. ①S967.3

中国版本图书馆 CIP 数据核字(2019)第 205489 号

大连理工大学出版社出版
地址:大连市软件园路 80 号 邮政编码:116023
发行:0411-84708842 邮购:0411-84708943 传真:0411-84701466
E-mail:dutp@dutp.cn URL:http://dutp.dlut.edu.cn
大连市东晟印刷有限公司印刷 大连理工大学出版社发行

幅面尺寸:155mm×230mm 印张:18.5 字数:188 千字
2020 年 6 月第 1 版 2020 年 6 月第 1 次印刷

责任编辑:谯东敏 海迎新 责任校对:吴 欣
封面设计:孙宝福

ISBN 978-7-5685-2217-5 定 价:45.00 元

本书如有印装质量问题,请与我社发行部联系更换。

Dalian University of Technology Academic Series

Hydrodynamics of Net Cage Group System in the Open Sea

Xu TiaoJian

Dong GuoHai

Hao ShuangHu

Dalian University of Technology Press

序

　　教育是国家和民族振兴发展的根本事业。决定中国未来发展的关键在人才,基础在教育。大学是培养创新人才的高地,是新知识、新思想、新科技诞生的摇篮,是人类生存与发展的精神家园。改革开放三十多年,我们国家积累了强大的发展力量,取得了举世瞩目的各项成就,教育也因此迎来了前所未有的发展机遇。国内很多高校都因此趁势而上,高等教育在全国呈现出欣欣向荣的发展态势。

　　在这大好形势下,我校本着"海纳百川、自强不息、厚德笃学、知行合一"的精神,长期以来在培养精英人才、促进科技进步、传承优秀文化等方面进行着孜孜不倦的追求。特别是在人才培养方面,学校上下同心协力,下足功夫,坚持不懈地认真抓好培养质量工作,营造创新型人才成长环境,全面提高学生的创新能力、创新意识和创新思维,一批批优秀人才脱颖而出,其成果令人欣慰。

　　优秀的学术成果需要传播。出版社作为文化生产者,一直肩负着"传播知识,传承文明"的历史使命,积极推进大学文化建设和大学学术文化传播是出版社的责任。我非常高兴地看到,我校出版社能够始终抱有这种高度的使命感,积极挖掘学校的学术出版资源,以充分展示学校的学术活力和学术实力。

　　在我校研究生院的积极支持和配合下,出版社精心策划和编辑出版的"大连理工大学学术文库"即将付梓面市,该套丛书也获得了大连市政府的重点资助。第一批出版的是获得"全国百优博士论文"称号的6篇博士论文。这6篇论文体现了化工、土木、计算力学等专业的学术培养成果,有学术创新,反映出我校近几年博士生培养的水平。

　　评选优秀学位论文是教育部贯彻落实《国家中长期教育改革

和发展规划纲要》、实施辽宁省"研究生教育创新计划"的重要内容,是提高研究生培养和学位授予质量,鼓励创新,促进高层次人才脱颖而出的重要举措。国务院学位办和省学位办从 1999 年开始首次评选,至今已开展 14 次。截至目前,我校已有 7 篇博士学位论文荣获全国优秀博士学位论文,30 篇博士学位论文获全国优秀博士学位论文提名论文,82 篇博士学位论文获辽宁省优秀博士学位论文。所有这些优秀博士学位论文都已经被列入"大连理工大学学术文库"出版工程之中,在不久的将来,这些优秀论文会陆续出版。我相信,这些优秀论文的出版在传播学术文化和展示研究生培养成果的同时,一定会在全校范围内营造出一个在学术上争先创优的良好氛围,为进一步提高学校的人才培养质量做出重要贡献。

博士生是我们国家学术发展最重要的力量,在某种程度上代表了国家学术发展的未来。因此,这套丛书的出版必然会有助于孵化我校未来的学术精英,有效推动我校学术队伍的快速成长,意义极其深远。

高等学校承担着人才培养、科学研究、服务社会、文化传承与创新四大职能任务,人才培养作为高等教育的根本使命一直是重中之重。2012 年辽宁省又启动了"大连理工大学领军型大学建设工程",明确要求我们要大力实施"顶尖学科建设计划"和"高端人才支撑计划",这给我校的人才培养提供了新的机遇。我相信,在全校师生的共同努力下,立足于持续,立足于内涵,立足于创新,进一步凝心聚力,推动学校的内涵式发展;改革创新,攻坚克难,追求卓越,我校一定会迎来美好的学术明天。

中国科学院院士

申长雨

2013 年 10 月

前　言

　　随着人民生活水平的快速提高,对水产品的需求量越来越大。根据联合国粮农组织的报道,在不导致鱼类种群濒临灭绝的前提下,利用海洋捕捞和增殖获得的野生鱼群已经不能满足人类对水产品越来越大的需求量。事实上,过度捕捞导致了野生鱼群总量的急剧下降。因此,为了满足全球对水产品需求的增加,海洋水产养殖业正扮演着越来越重要的角色,这一现象已引起社会各界的广泛关注和高度重视。

　　传统的网箱养殖只能布置在拥挤的浅海内湾,网箱的抗风浪能力差,易受到陆源性污染;附着在网衣上的海藻也影响网箱内部的水体交换,残余的饵料以及鱼群排泄物都无法及时排出网箱,网箱容易受到自身的污染,导致鱼病频发,鱼类品质下降,对近岸的海洋环境也造成很大污染,同时缺乏足够的可供使用的近岸水域。上述因素迫使海洋水产养殖业向离岸更深的海域拓展。相比于近岸的传统网箱,离岸的抗风浪网箱具有大容量、生态型、安全、高产、高效的特征,是合理开发利用海洋渔业资源的先进模式,受到国内外高度重视。

　　综上所述,发展深远海网箱养殖势在必行。但另一方面,深远海网箱是一种由柔性小尺度构件(浮架、网衣和锚绳)组成的漂浮大尺度空间结构,在海洋环境荷载作用下会产生严重的变形,其水动力特性十分复杂。目前,波、流作用下网箱结构水动力响应的研究工作受到了国内外学者的高度重视,深远海网箱养殖设施的水动力特性已经成为组合式国际同行的研究热点和难点。

为了满足广大水产养殖从业人员对海洋水产养殖技术的需求,我们编写了这本《深水组合式网箱水动力特征研究》。本书系统地介绍了深水抗风浪网箱的设计理论、模型实验手段和数值模拟方法,提出了深水网箱养殖装备的优化设计方法,探讨了改善网箱抗风浪性能的措施,供大家参考,希望对大家有所裨益。

本书的研究工作是在大连理工大学海岸和近海工程国家重点实验室完成的,这些工作得到了该实验室李玉成教授、赵云鹏教授和马玉祥教授等老师和同事们的许多支持和帮助,特在此向他们表示感谢。这些研究工作还得到了国家自然科学基金的支持(项目编号:51239002,51979037),也在此表示感谢。另外,还要特别感谢大连市学术专著出版基金对本书出版的资助。

由于作者水平有限,书中难免存在错误和疏漏之处,敬请读者提出批评和建议。

编　者

2020 年 5 月

目　录

Table of Contents

1 绪 论

1.1 概念与意义

2006 年,联合国粮农组织 FAO[1]深入报道了世界水产养殖业的现状。随着人民生活水平的提高,人民对水产品的需求越来越大。根据联合国粮农组织的报道,在不导致鱼类种群濒临灭绝的前提下,利用海洋捕捞和增殖获得的野生鱼群已经不能满足人类对水产品越来越大的需求量。事实上,大量的鱼类种群被过度捕捞,导致野生鱼群总量急剧下降。为了满足全球对水产品增加的需求,海洋水产养殖业正扮演着越来越重要的角色。水产养殖是在可控制的水域开展鱼、贝、藻类的人工培育活动。近年来,水产养殖成为全球食品供应发展速度最快的方式。2004 年,水产养殖业供应的水产品中,一半来源于淡水水产养殖,另一半则来源于海洋水产养殖。水产养殖的范围也在逐年增加。2006 年,市场上大约 50% 的水产品是由水产养殖场提供的。按照目前的人口增长速度,以当前的人均消费水平计,预计到 2030 年,至少有超过 4000 万吨水产品的需求量。为了满足如此巨大的水产品需求,必须大力发展海洋水产养殖业。

目前,世界各国都在积极发展海洋水产养殖业。美国政府预计其养殖的水产品将由 1999 年的 9 亿美元增加至 2025 年的 50 亿美元(NOAA[2])。美国联邦海域是发展可持续水产养殖技术的主要场地(NOAA[3]),未来可以利用的离岸海域主要是距离海岸线 3 英里至 200 英里的水域。挪威水产养殖的发展可以追溯到 1850 年。19 世纪 60 年代初,在海洋环境下虹鳟鱼养殖的成功案例,增加了人们对于海洋水产养殖的兴趣。现代化的具有商业化规模的水产养殖业的发展始于 1970 年,水产养殖业成为近岸海域的主要产业。2003 年,水产养殖业供应的水产品产量超过 60 万吨,产值约为 13.5 亿美元。我国利用围网形成的封闭养殖水域进行水产养殖具有悠久的历史,但是现代化的网箱水产养殖源于 19 世纪 70 年代。最初是在内陆湖利用网箱进行水产养殖,后期逐步发展到在海水中进行水产养殖。由于网箱养殖具有节能和高效等优势,利用网箱进行水产养殖在全国范围内得到了快速发展。从 19 世纪 70 年代至今,现代化的网箱水产养殖已经有 40 余年的历史,利用网箱进行水产养殖已经成为开发海洋渔业资源不可或缺的重要组成部分。

相比美国、挪威和日本等国家,我国的离岸抗风浪网箱多数是从国外引进的,缺乏自主研发的工作。从国外引进的网箱,布置在我国的东南沿海之后,出现了较多的"水土不服"的现象,破坏现象时有发生。为了设计出适合我国海域的安全可靠的网箱结构,必须开展网箱结构水动力方面的基础研究。

传统的浅水养殖只能布置在拥挤的浅海内湾,网箱的抗风浪能力差,易受到陆源性污染;附着在网衣上的海藻也影响网箱内部的水体交换,残余的饵料以及鱼群排泄物都无法及时排出网箱,网箱容易受到自身的污染,导致鱼病频发,鱼类品质下降,对近岸的海洋环境也造成很大污染;同时缺乏足够的可供使用的近岸水域。上述因素迫使海洋水产养殖业向更深的海域拓展。相比于近岸的传统网箱,离岸的抗风浪网箱具有大容量、生态型、安全、高产、高效的特征,是合理开发利用海洋渔业资源的先进模式,受到国内外高度重视。

水产食品,是人类摄入优质动物蛋白的重要来源。权威机构预测到 2030 年,我国海洋食品的需求量将会是现在的三倍,缺口巨大。我国虽然已是世界水产养殖大国,但远非强国。如图 1.1 所示,目前我国海上养殖存在近岸过度开发,而深水区域则利用不足的问题。海上养殖区域主要集中在 15 米等深线以内的浅海内湾,该区域过于饱和,而超过 20 米水深的海域利用率尚不足 1%,远低于美国、日本和挪威等发达国家的水平。因此,发展离岸深水网箱养殖已成为我国保障水产食品供应和安全的长远战略,已成为拓展食物生产空间的必然选择。

离岸抗风浪网箱布置在更深的水域,网箱结构需要承担恶劣海洋环境引起的巨大的荷载;离岸抗风浪网箱易受到台风的影响,还需要考虑季风和强流的问题。图 1.2 表示恶劣海洋环境下的离岸抗风浪网箱。

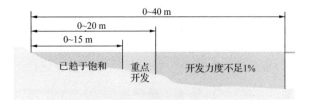

图 1.1　海上养殖区域

Fig. 1.1　Region of aquaculture in the sea

图 1.2　恶劣海洋环境下的离岸抗风浪网箱

Fig. 1.2　offshore anti-wave net cage in the harsh marine environmental conditions

　　设计离岸抗风浪网箱及其锚绳系统时,准确计算网箱结构承受的荷载是非常关键的。在大浪和强流作用下,部分锚绳发生断裂,之后会引起锚绳张力的重新分布,导致网箱的浮架结构发生屈曲破坏。网箱结构也会产生一个瞬时运动,随后整个网箱和锚绳系统可能达到一个新的平衡;也可能由于锚绳张力的重新分布引起剩余锚绳的断裂,从而导致整个网箱及其锚绳系统的破坏。图1.3表示大浪强流作用下,网箱及其锚绳系统发生破坏。

在连续的波浪荷载作用下,网箱及其锚绳系统可能会产生疲劳破坏。图 1.4 表示网箱的浮架结构在重复荷载的作用下发生了疲劳破坏。疲劳破坏通常发生在刚体构件之间的铰接点处。由弹性构件组成的网箱结构,其疲劳破坏通常发生在刚度相对较大的连接构件处。如果不考虑结构的阻尼,弹性结构有着无限多的固有频率;受到结构阻尼的影响,弹性结构的高频振荡响应能够得到有效的衰减,但是从结构疲劳损伤的角度来看,结构的低频固有频率也是非常重要的。对于小阻尼的结构物,频繁受到激励频率为结构固有频率的外荷载的作用,共振弹性响应会导致结构承受较高的应力,容易导致结构产生较大的疲劳损伤,易引起结构产生疲劳破坏。通常采用 σN 曲线和 Miner-Palmgren 理论来评估结构在重复荷载作用下的疲劳损伤,σ 表示周期循环应力的幅值,N 表示结构产生疲劳破坏的应力循环周期数。

图 1.3 大浪强流作用下,网箱及其锚绳系统发生破坏

Fig. 1.3 Damage of net cage and mooring system due to strong waves and current

图 1.4　网箱结构的疲劳破坏

Fig. 1.4　Fatigue damage of net cage structure

1.2　历史与现状

网箱和锚绳系统的设计需要解决的工程问题是：设计一套能够承受外海恶劣海洋环境荷载，并且经济可行的网箱及其锚绳和锚碇结构。海洋环境荷载主要包括波浪和水流荷载。对于网箱及其锚绳系统的设计，主要依靠波浪水槽或者水池的物理模型试验。网箱及其锚绳系统的设计和水动力响应的模拟是一项极其复杂的、具有挑战性的工作，涉及多个学科，如水动力学、结构力学、土力学和动物行为学。前人对网箱及其锚绳系统进行了大量的研究，包括理论分析、物理模型试验、数值模拟，甚至是现场原型观测，下面将概括性地描述前人在网箱及其锚绳系统的水动力学和结构力学方面开展的研究。重力式网箱主要包括网衣系统、浮架系统和配重系统。网衣结构作为一种柔性结构物，在海洋环境荷载作用下会产生较大的变形,是开展整体网箱水动力研究的前提。首先介绍网衣相关的研究工作。

(1)网衣

网衣作为一种柔性海洋工程结构物,在波浪和水流的作用下将产生较大的变形。为了更好地模拟网衣的水动力特性,大量学者开展了相关的研究工作。Tauti[4]是最早对网衣水动力荷载进行详细理论分析的学者。假定网衣的拖曳力与速度的平方成正比,采用连续的膜结构对平面网衣进行模拟,建立了膜结构受力平衡的微分方程,提出了网衣物理模型的相似定律。Kawakami[5, 6]全面回顾了渔具水动力相关的理论和实验工作,建立了网衣结构的数学模型,提出了平面网衣在均匀流作用下拖曳力计算的半经验公式 $F_D = 0.5\rho C_D A U^2$,其中,ρ 是水的密度,C_D 是由实验确定的拖曳力系数,A 是网衣沿水流流向的投影面积(迎流面积),U 是流体速度。Aarsnes 等[7]在挪威船舶技术研究所开展了网箱的拖曳实验,分析了网箱受到的水流力,网衣变形以及网衣引起的流速折减,提出了水流作用下平面网衣水动力荷载计算的数学模型。相比于 Kawakami 提出的网衣水动力荷载的半经验公式,Aarsnes 等的网衣水动力荷载的计算公式增加了升力项。基于 Schlichting 和 Gersten[8]提出的尾流模型,Loland[9]采用线性尾流方程建立了网衣在水流作用下的数学模型,将平面网衣上的每一个圆柱产生的尾流进行叠加,模拟了整个平面网衣的减流效应,研究中考虑了稳定流和非稳定流的情况。结果表明:该数值模型对于低密实度的网衣非常适用;网衣密实度为网衣目脚沿水流流向的投影面积(迎流面积)与网衣轮廓的面积之比,密实度可以采用下式进行计算:

$S_n = 2d/l - (d/l)^2$。其中，d 为网衣目脚直径，l 为目脚长度。Herfjord[10] 研究了利用计算流体力学 CFD 分析网衣目脚尾流相互作用的可行性，建立二维数学模型分析了均匀流中并列布置的圆柱的水动力特性。两个圆柱并列布置在与水流流向垂直的方向上，圆柱之间的距离为 l，圆柱的直径为 d，研究结果表明：当 $l < 2d$ 时，两个圆柱引起的尾流之间存在相互作用，这也表明当网衣密实度 $S_n > 0.75$，线性尾流的假定将不成立。随着网衣密实度的增加，网衣各目脚产生的尾流之间的相互作用变得越来越明显，对于未受污染的网衣，网衣的密实度通常在 $0.15 \sim 0.25$ 的范围，可以不考虑网衣目脚产生的尾流之间的相互作用。Fridman[11] 指出当雷诺数较小时，网衣的拖曳力系数依赖于雷诺数（参见 Faltinsen 和 Timokha[12]），雷诺数 $Re = Ud/\nu$，其中 U 是流体速度，d 是网衣的目脚直径，ν 是运动黏性系数。当雷诺数 $Re < 600$ 时，网衣平面的拖曳力系数 C_D 随着雷诺数的减小而快速增加；当雷诺数 $Re > 600$ 时，网衣平面的拖曳力系数 C_D 与雷诺数无关。鲑鱼网箱采用的网衣目脚直径通常为 $d = 3$ mm，设计流速为 $U = 1$ m/s，运动黏性系数 $\nu = 10^{-6}$ m^2/s，雷诺数为 $Re = 3000$。在设计流速条件下，原型网箱的拖曳力系数与雷诺数无关；然而，对于网衣的模型实验，网衣的拖曳力对雷诺数有较强的依赖性。Hu 等[13] 讨论了网衣结构物理模型的相似准则，比较了模型试验用到的拖网网衣与原型网衣的拖曳力系数，结合雷诺的相关性，得到了较好的结果。Bessonneau 和 Marichal[14] 利用迭代计算的方法分析了网衣结构在水流作用下的变形，采用一系列的刚体杆件对网衣结构进行数值模拟，杆件采用柔性接头进行连接；采用 Morison[15] 公式计算沿杆件的法向的拖曳力和附加质量力,采用摩擦力计算沿杆件切线方向的水动力,假定各杆件水动力的计算是相互独立的,建立的拖网数值模型与实验结果吻合良好。法国学者 Priour[16]采用有限单元法建立了六边形网衣结构的数值模型,其有限单元法采用三角形单元对网衣进行模拟,模型中假定三角形单元内部网衣的应变为常数。日本学者 Shimizu 等[17,18]基于集中质量法建立了网衣形状和荷载分析软件(NaLA),将该软件用于分析刺网与网箱的网衣结构,并得到了物理模型试验的验证。挪威学者 Fredheim[19]、Lader 和 Fredheim[20]、Lader[21-23]开展了大量的网衣数值模拟和物理模型试验方面的工作,分析了浮子运动、波高和周期、流速、网衣密实度和配重系统对网衣水动力响应的影响,研究了网衣结构物的阻尼特性,考虑了网衣对波浪变形的影响,包括网衣引起的波浪的波陡和波面对称性的变化。网衣结构物受到污染之后,大量的海洋生物会黏附在网衣表面,导致网衣的密实度发生变化。Gansel[24,25]采用 CFD 数值模拟和 PIV 物理模型试验研究了网衣密实度以及养殖鱼群引起的水流内部流动对于网箱周围流场的影响。

不同网衣的材料、尺寸、结构和表面处理都存在差异,从结构力学的角度来看,网衣的模拟也是一个具有挑战性的工作。Moe[26,27]开展了各种网衣材料的张拉试验,分析了传统网箱的网衣结构强度;利用数值模型分析均匀流作用下网箱的动力特性,采用准静态的分析方法,利用有限单元法研究网衣在水流作用下的变形,采用准静态的分析方法,利用有限单元法研究有结节和无结节网衣在水流作用下的变形。SINTEF 渔业和水产部的学者 Wroldsen[28]、Jensen[29]、Moe[30,31]分析了网衣的材料性能和漂浮的整体网箱的结构性能,采用原型观测的方法分析了各种各样的网衣材料抗鳕鱼撕咬的能力,提出了网衣结构物抗鳕鱼撕咬能力的测量方法。

(2)浮架

重力式网箱的浮架结构用以提供整个网箱的浮力,维持网箱的漂浮状态,保证网箱具有一定的有效养殖体积。浮体在波浪作用下的受力和运动特性是船舶与海洋结构水动力学的经典问题,Newman[32]、Faltinsen[33]、Dean 和 Dalrymple[34]、Molin[35]等许多学者对该问题进行了研究。网箱的浮架系统通常被简化成漂浮的水平圆柱,关于漂浮圆柱在波浪作用下的荷载和运动响应的研究如下:在频域内对漂浮圆柱的理论分析始于 Ursell[36],该研究分析了二维半下潜圆柱模型升沉运动的附加质量和阻尼,根据流体的奇异性满足自由表面条件和辐射条件,给出了该问题的势流表达式。基于势流理论,Ursell[37]给出了横浪引起的波浪力在频域内的解析表达式。Ursell[38]从理论上分析了二维物体在水面附近振荡引起的波浪,结果表明:波浪幅值与物体几何条件和振荡频率有关。基于 Ursell 的工作,Newman[39, 40]分别给出了线性波浪作用在固定浮体和运动浮体上的荷载计算方法。Cummins[41] 和 Ogilvie[42]给出了浮体在波浪作用下瞬时势流问题在时域内的解。

由于浮管的直径比波长小得多,浮架系统可被视为小尺度构件。在波浪的作用下,因为浮架的直径大于波长,浮架与波面之间的相对运动幅值大于浮管的直径,导致浮架在某段时间内会脱离水面,之后又重新进入水面;如果浮架与波面之间的相对速度较大,波浪将对浮架结构产生冲击。关于冲击问题的研究,可以参考

Faltinsen。波浪对浮架结构的冲击可能导致网箱产生局部破坏,引起网箱结构的振动,从而导致网箱结构发生疲劳破坏。Fredriksson[43]采用有限单元法分析了 HDPE 漂浮网箱浮架结构的力学性能,应用壳体单元和局部破坏准则预测结构发生破坏的临界荷载条件,开展相关的物理模型试验对其数值模型进行了验证。

（3）整体网箱结构

在对网衣和浮架结构进行研究的基础上,学者们开展了大量的整体网箱水动力方面的相关研究工作。美国的 New Hampshire 大学的大西洋海洋水产研究中心是国际上开展网箱水动力研究的主要单位之一。Gosz[44] 和 Tsukrov[45] 开发了基于有限单元法的网箱分析软件 AquaFE。Swift[46] 等在拖曳/波浪水池中开展了网箱的物理模型试验,采用非接触式的光学测量设备测量网箱的运动。Fredriksson[47] 在其博士学位论文中研究了圆形网箱在漂浮和下潜状态下的水动力特性。Fredriksson[48-51] 开展了海上网箱及其锚绳系统的原型观测,将现场的实测数据与数值模拟和物理模型试验获得的结果进行了对比。基于有限单元法,Tsukrov[52] 和 Swift[53] 分析了网衣单元在水流和波浪作用下的水动力响应,开展物理模型试验对该数值模型进行验证,分析了网衣的污染对其受力的影响,并将该数值模型成功地应用于张力腿网箱的分析,Tsukrov[54] 对该数值模型进行了改进,进一步添加了非线性单元。Fredriksson 等[55] 采用物理模型试验、数值模拟结合现场原型观测的方法研究了网箱及其锚绳系统的动力特性,原型观测的数据能够帮助改进网箱的物理模型试验和数值模型。

Aquastructures 公司的研究人员 Berstad[56,57]、Berstad 和 Tronstad[58]采用自主研发的 FEM 工具 AquaSim 进行网箱水动力的数值模拟,开展了物理模型试验对其数值模型进行了验证,将规则波和不规则波的作用下网箱和锚绳的动力响应进行对比。结果表明:基于规则波浪的波高 $H=1.9Hs$ 的假定,采用规则波浪进行网箱设计偏保守,Hs 为不规则波浪的有效波高。Bonnemaire 和 Jensen[59]利用 RIFLEX 分析了漂浮网箱的结构响应,获得了较好的结果。Ormberg[60]扩展前人的有限单元法的程序 RIFLEX (SINTEF[61]),分析了漂浮网箱在规则波浪作用下的非线性动力响应,并将计算结果与物理模型试验的结果进行比较,认为进行网箱结构疲劳设计时,应该采用不规则波浪进行网箱结构的疲劳分析。苏格兰 Heriott-Watt 大学的 Linfoot、Hall[62]和 Reville 等[63]利用物理模型试验研究各式各样的网箱,运用频域分析的技术研究了网箱系统的荷载和运动响应。麻省理工学院的 Best 等[64]开展了深水网箱的物理模型试验,研制了具有商业开发潜力的网箱产品。Goudey[65]在 Bethesda Maryland 的 David Taylor 模型水池中研究了一种新型海洋漂浮网箱,网箱物理模型的相似比尺是 1:10,分析了网箱的运动响应以及网箱的内部荷载。Colbourne 和 Allen[66]研究了原型重力式网箱的运动和荷载特性,将原型网箱的数据和物理模型试验的结果进行了比较。Lader 等[67]和 Lader、Enerhaug[68]开展了一系列的物理模型试验,研究网箱在水流作用下的受力和变形,建立了三维原型网箱在波浪和水流作用下的计算模型,该模型采用超级单元法对网衣结构进行模拟。Huang 等[69,70]采用集中质量法和网衣平面单元研究了一系列的重力式网箱,估计了网箱在水流作用下的体积折减系数,分析了波浪和水流联合作用下网箱的水动力特性。Lee 等[71, 72]和 Kim 等[73]运用质量-弹簧模型分析了波流联合作用下网箱的结构响应,数值模型中采用隐式积分方法求解结构的运动微分方程,该数值方法具有稳定和高效等特点,开展的物理模型试验改进了其数值模型的准确性。Jia[74]开展了重力式网箱与渔业捕捞船的耦合水动力分析,研究了浮架的附加质量力系数对锚绳张力的影响。

网箱水动力特性研究是决定网箱设计和安全使用的基础和依据,国外研究相对较早,技术也较为领先。国内由于离岸抗风浪网箱产业起步较晚,研究水平较国外有一定差距,但仍有许多的学者在其水动力特性方面做了大量的研究工作。郭根喜等[75]详细描述了如何利用差分全球定位系统(DGPS)或全球定位系统(GPS)的方法安装深水网箱常见的网格式锚碇系统。章守宇和刘洪生[76]推导了飞碟型网箱的水动力学数值分析方法。崔勇等[77, 78]采用有限元的方法开展了波流场中的养殖网箱动力分析。宋协法等[79]对网箱的浮架、网衣等构件在风、浪、流作用下的情形进行了受力分析,建立了网箱及其锚绳系统的计算模型,利用该模型对网箱的锚绳系统进行设计。宋伟华等[80]利用物理模型试验对单点系泊的网衣构件进行了研究,获得了单点系泊条件下锚绳张力峰值的变化规律。付世晓等[81, 82]基于三维水弹性理论在频域内分析了漂浮网箱的浮架结构在波浪作用下的动力特性。董国海等[83-85]开展了重力式网箱浮架结构在波浪作用下的非线性流固耦合分析,采用模态叠加的方法分析了浮架结构在波浪作用下平面内和平面外变形,与Ansys软件计算的结果、模型试验的结果进行对比,验证了其模型的有效性。桂福坤等[86]和李玉成等[87]提出了新的网衣物理模型试验的相似准则,解决了田内相似准则在波浪模型试验中无法应用的问题。李玉成等[88,89]对单体网箱锚碇系统在不同的网格下潜深度条件下的受力特性进行研究,分析了下潜深度及锚绳布置形式对锚绳系统受力的影响。万荣等[90]和崔江浩[91]采用计算机数值模拟的方法对单体重力式网箱在水流作用下的变形做了研究,获得了不同流速条件下带底圈网箱的网衣变形特性。詹杰民等[92-94]采用理论分析和模型试验的方法对平面及圆形网衣的阻力系数受雷诺数、冲角和网衣的密实度等因素的影响做了研究,并采用最小二乘法获得了法向和切向阻力系数与流速及网衣密实度的关系。陈昌平等[95-99]对双体网箱及其锚绳系统在波浪和水流作用下的网箱水动力特性进行了大量的物理模型试验和数值模拟相关的工作,分析了锚绳的张力分布和浮架的运动响应,研究了网衣的阻流特性。赵云鹏等[100-102]和李玉成等[103]在成功模拟网衣和浮架结构在波浪和水流作用下受力、运动和变形的基础上,对重力式整体网箱结构在规则波、水流以及波流联合作用下的水动力特性进行了数值模拟,并对网箱数值模拟中水动力系数的选择和波浪理论的选择问题提出了建议,分析了配重系统对网箱变形和锚绳受力的影响。吴常文[104]采用物理模型试验分析了重力式网箱浮架结构的水动力系数 C_d 和 C_m。

本书的主要工作是分析组合式网箱及网格式锚碇系统在波浪和水流作用下的网箱运动响应和锚绳张力特性。了解水产养殖网箱及其锚绳系统的水动力特性对于设计可靠的水产养殖场具有重要的意义。在恶劣的海洋环境条件下,网箱及锚绳结构的破坏导致了大量的养殖鱼群的逃逸,不仅会造成较大的经济损失,也会打破野生鱼群原有的生态平衡,对野生鱼群的生存带来不利影响。迄今为止,该问题还没有得到有效的解决。结合理论分析、物理模型试验和数值模拟,本文系统地分析了重力式网箱及其锚绳系统在波浪和水流作用下的水动力特性,以期为网箱及锚绳系统的更有效设计提供理论依据。

2 单体网箱和锚绳系统数值模拟和物理模型设计

　　对于工程结构的设计而言,海洋或许是最复杂的环境。海洋牧场作为一种柔性漂浮结构,在海洋荷载的作用下会产生大变形,是最难设计的结构物之一。海洋中的漂浮结构物与固定结构物都会受到风、浪和流引起的荷载。轮船可以被拖入内湾港口以躲避台风引起的破坏,但是网箱结构却只能留在外海海域,网箱在整个设计寿命中都要承受波浪荷载引起的弯曲变形,在结构内部引起的应力变化容易使结构产生疲劳损伤,这对网箱结构的设计提出了挑战。为了更好地设计离岸抗风浪网箱及其锚绳系统,必须开展网箱及其锚绳系统在波浪和水流作用下的动力响应。本章利用物理模型试验和数值模拟的方法对网箱及其锚绳系统的水动力响应进行分析。下文将详细介绍网箱及其锚绳结构各部分构件的数值模型,根据水槽的几何尺寸和物理性能以及原型网箱的几何和材料参数,设计了网箱及其锚绳系统的物理模型。

2.1 网箱及其锚绳系统

网箱的结构形式主要包括:重力式网箱、金属框架式网箱、碟形网箱和张力腿网箱。我国目前最常用的是重力式网箱,本文将对重力式网箱及其锚绳系统的水动力响应进行分析。图 2.1 表示常见的重力式网箱,重力式网箱主要由浮架、网衣和沉子等构件组成,整个网箱通过锚绳固定到海底。

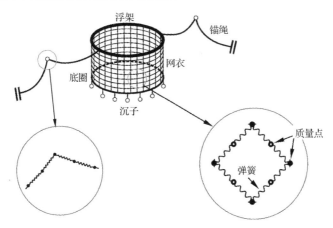

图 2.1　重力式网箱及锚绳系统

Fig. 2.1　The schematic diagram of the gravity net cage and mooring system

重力式网箱及其锚绳系统包括刚体部分和柔性部分:刚体部分包括浮架和底圈,柔性部分包括锚绳和网衣。对于刚体部分,采用刚体运动学原理建立其运动微分方程;对于柔性部分,采用集中质量法建立其运动微分方程;最后采用四阶 Runge-Kutta 法求解网箱及其锚绳系统的运动微分方程。下文将详细介绍网箱及其锚绳系统各个构件的受力分析和运动微分方程。

2.2　浮架系统的模拟

浮架系统通常包括双浮管、扶手及一些连接构件,由于浮架通常处于漂浮状态,位于水面以上的扶手受到的海洋环境荷载较小,在数值模型中,浮架系统被简化为同心双浮管结构。由于浮管的直径比浮架直径和波长都小得多,浮管的刚度对于浮架运动的影响较小,并且浮管的内力和浮架的变形也不是本文的研究重点,因此,本文的数值模型将浮架模拟为刚体。下文首先介绍浮架的受力分析。

2.2.1　浮架受力分析

通常情况下,浮架位于水面处,两个主浮管是承受海洋环境荷载的主要构件,为了简化计算,浮架系统被简化成两个主浮管。为了计算浮管受到的海洋环境荷载,将浮管离散成许多微段,计算了每一个微段上的水动力,综合分析每一个微段上的水动力,可以得到整个浮架受到的水动力在六个自由度上的分量,从而建立浮架的运动微分方程。

图 2.2 是浮架微段的示意图,坐标系 $O\text{-}xyz$ 固定在浮架上,坐标系的轴心位于浮架的质心。为了便于分析浮架微段受到的外力,在浮架的微段上建立了自然坐标系 $O_1\text{-}n\tau\upsilon$,n 为浮架微段的外法向,τ 为浮架微段的切线方向,υ 轴与 n 轴和 τ 轴组成的平面垂直。

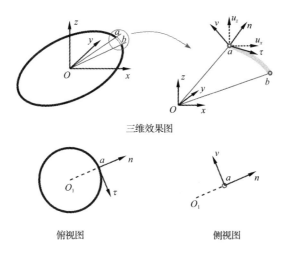

三维效果图

俯视图   侧视图

图 2.2　浮架微段示意图

Fig. 2.2　The schematic diagram of mini-segment of floating collar

根据 Brebbia 和 Walker[105] 的建议，由于浮管的直径比波浪的波长小很多，可以采用修正的 Morison 方程来计算浮管受到的水动力，浮架微段受到的波浪力沿 n 轴的分量为

$$F_n = \frac{1}{2}C_{Dn}\rho A_n |\boldsymbol{u}_n - \dot{\boldsymbol{R}}_n| \cdot (\boldsymbol{u}_n - \dot{\boldsymbol{R}}_n) + \rho V_0 \boldsymbol{a}_n + C_{mn}\rho V_0 (\boldsymbol{a}_n - \ddot{\boldsymbol{R}}_n)$$

(2.1)

其中，$\boldsymbol{u}_n$ 和 $\dot{\boldsymbol{R}}_n$ 是水质点和浮架微段沿 n 轴的速度分量，$\boldsymbol{a}_n$ 和 $\ddot{\boldsymbol{R}}_n$ 是水质点和浮架微段沿 n 轴的加速度分量，ρ 是水的密度，V_0 是浮架微段的排水体积，A_n 是浮架微段水下部分沿 n 轴方向的投影面积，C_{Dn} 和 C_{mn} 是拖曳力系数和附加质量力系数。根据李玉成等[106] 的研究，浮架的水动力系数取为常数：切向拖曳力系数 $C_{D\tau} = 0.4$，法向拖曳力系数 $C_{Dn} = C_{Dv} = 0.6$；附加质量力系数 $C_{m\tau} = 0$，$C_{mn} = C_{mv} = 0.2$。类似的表达式能够用来计算浮架微段受到的波浪力沿 τ 轴和 v 轴

的分量(F_τ,F_v)。

浮架除了受到波浪力,还受到重力、浮力、锚绳张力的作用。浮架微段的重力为

$$G_i = G/N \qquad (2.2)$$

其中,G 是浮架的总重力,N 是浮架微段数。

图 2.3 是浮管横截面示意图,由于浮管直径较小,浮管周围的波面近似为一直线,浮管微段的浮力为

$$F_{fi} = \rho g \cdot V_i \qquad (2.3)$$

其中,F_{fi} 是第 i 个浮管微段的浮力,ρ 是水的密度,g 是重力加速度,V_i 是第 i 个浮管微段的排水体积。

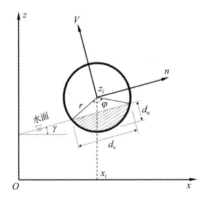

图 2.3　浮管横截面示意图

Fig. 2.3　The schematic diagram of the cross section of floating pipe

浮架受到的锚绳张力与浮架的位移有关,锚绳的张力与伸长率之间关系根据物理模型试验的实测数据进行拟合得到。

2.2.2　浮架运动方程

数值模型中，假定浮架为刚体，采用六个自由度描述浮架的刚体运动，三个平动分别为纵荡、横荡、升沉，三个转动分别为纵摇、横摇和回转。如图 2.4 所示，为了分析浮架的运动，建立了两套坐标系：固定坐标系 $O\text{-}xyz$ 和随体坐标系 $G\text{-}abc$，初始时刻，随体坐标系与固定坐标系重合。

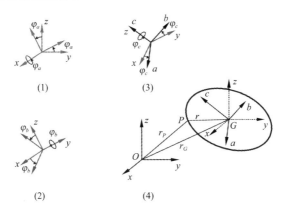

图 2.4　浮架随体坐标系示意图

Fig. 2.4　The schematic diagram of the body-coordinate system of floating collar

根据牛顿第二定律，浮架的平动微分方程为

$$\ddot{x}_G = \frac{1}{m_G}\sum_{i=1}^{N}F_{x_i}, \quad \ddot{y}_G = \frac{1}{m_G}\sum_{i=1}^{N}F_{y_i}, \quad \ddot{z}_G = \frac{1}{m_G}\sum_{i=1}^{N}F_{z_i} \quad (2.4)$$

其中，m_G 是浮架的质量，F_{x_i}、F_{y_i} 和 F_{z_i} 是浮架受到的外力在 x、y 和 z 方向的分量，$\ddot{x}_G$、$\ddot{y}_G$ 和 $\ddot{z}_G$ 是浮架质心的加速度，N 是浮架的微段数。

根据刚体运动的欧拉方程 Bhatt 和 Dukkipati[107]，浮架的转动

方程为

$$I_a \frac{\partial \omega_a}{\partial t} + (I_c - I_b)\omega_c\omega_b = M_a, \quad I_b \frac{\partial \omega_b}{\partial t} + (I_a - I_c)\omega_a\omega_c = M_b,$$

$$I_c \frac{\partial \omega_c}{\partial t} + (I_b - I_a)\omega_a\omega_b = M_c \tag{2.5}$$

其中,下标 a、b、c 表示浮架的三个惯性主轴, I_a、I_b、I_c 是浮架沿三个惯性主轴的惯性矩, ω_a、ω_b、ω_c 是浮架沿三个惯性主轴的角速度, M_a、M_b、M_c 是浮架沿三个惯性主轴的力矩。

2.3 网衣系统的模拟

网衣是一种柔性结构物,在海洋荷载作用下,会产生大的变形。对于这种柔性大变形的结构物,采用集中质量法模拟网衣系统。

2.3.1 网衣受力分析

如图 2.5 所示,采用集中质量法进行网衣的数值模拟。网衣简化为一系列的集中质量点,集中质量点位于网目目脚的两端(端节点)和中间位置(中间节点),集中质量点之间采用无质量的弹簧进行连接。通过求解各集中质量点的运动微分方程,可以获得各个质量点的位移,最终得到网衣的运动和变形。

直接对网衣进行数值模拟,每个网箱需要设置的集中质量点数超过 20 000 个,需要大量的内存和计算时间,影响计算的效率。为了提高计算效率,采用网目群化[108]的方法对网衣进行模拟。网目群化的方法是利用等效网衣来模拟实际的网衣,将多个小网目

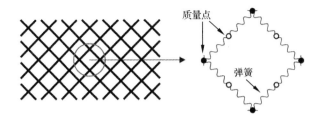

图 2.5　网衣集中质量点模型

Fig. 2.5　The schematic diagram of the mass-spring model for nets

用一个较大的网目进行模拟。等效网衣与实际网衣有着相同的物理性质,包括网衣的迎流面积和网衣的质量等。

　　基于 Wilson[109] 的研究,网线受到的张力与伸长率之间的关系式为

$$F_T = d^2 C_1 \varepsilon^{C_2} , \varepsilon = \frac{l - l_0}{l_0} \qquad (2.6)$$

其中,F_T 是网线的张力,l_0 是网线的初始长度,l 是网线变形之后的长度,d 是网线的直径,C_1 和 C_2 是材料的弹性常数。参考 Gerhard[110] 可知,对于聚乙烯(PE)材料,$C_1 = 345.37 \times 10^6$ 和 $C_2 = 1.0121$;对于尼龙(PA)材料,$C_1 = 784.9 \times 10^6$ 和 $C_2 = 1.6988$;F_T 和 d 的单位分别为 N 和 m。

　　如图 2.6,计算目脚中间节点受到的水动力时,将目脚视作细长圆柱体。在目脚上建立一个坐标系 $O\tau\eta\xi$,用于考虑目脚的受力方向,坐标系的原点位于目脚的中心,η 轴位于 τ 轴和速度 V 所组成的平面内。

　　采用 Morison 公式计算目脚受到的水动力,然后将目脚受到的水动力均匀分配到与之相连的集中质量点。

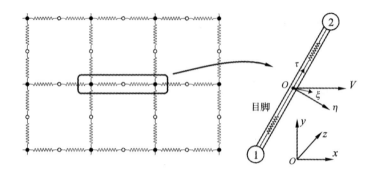

图 2.6　网目目脚局部坐标示意图

Fig. 2.6　The schematic diagram of the local coordinates for the mesh yarns

$$F_{D\tau} = \frac{1}{2}\rho C_{D\tau} D l \, | V_\tau - \dot{R}_\tau | \, (V_\tau - \dot{R}_\tau) \tag{2.7}$$

其中，$C_{D\tau}$ 表示 τ 方向的拖曳力系数，D 是目脚直径，l 是目脚长度。类似的表达式能够用来计算拖曳力在 η 和 ξ 轴的分量（$F_{D\eta}$，$F_{D\xi}$）。

根据 Choo 和 Casarella[111] 的研究，上式中的水动力系数与雷诺数有关，采用下式进行计算：

$$C_n = \begin{cases} 8\pi(1-0.87s^{-2})/(\mathrm{Re}_n s) \; (0 < \mathrm{Re}_n \leqslant 1) \\ 1.45 + 8.55\mathrm{Re}_n^{-0.90} \; (1 < \mathrm{Re}_n \leqslant 30) \\ 1.1 + 4\mathrm{Re}_n^{-0.50} \; (30 < \mathrm{Re}_n \leqslant 10^5) \end{cases} \tag{2.8}$$

$$C_\tau = \pi\mu(0.55\mathrm{Re}_n^{1/2} + 0.084\mathrm{Re}_n^{2/3}) \tag{2.9}$$

其中，$\mathrm{Re}_n = \rho V_{Rn} D/\mu$，$s = -0.077\,215\,665 + \ln(8/\mathrm{Re}_n)$，$\mu$ 是水的黏性系数，C_n 和 C_τ 是目脚的法向和切向水动力系数，V_{Rn} 是目脚与流体之间的相对速度的法向分量，ρ 是水的密度。

计算目脚端节点受到的水动力时，目脚端节点被视为圆球。Fredheim 和 Faltinsen[112] 采用 Morison 公式计算端节点受到的水动力,水动力系数取值的合理范围是 1.0~2.0,本文中采用 1.0。

2.3.2　网衣运动方程

采用集中质量法建立网衣的数值模型,获得了集中质量点的运动位移就能够获得整个网衣的变形。集中质量点由一系列无质量的弹簧连接而成,计算获得了网衣集中质量点受到的外力之后,可以建立集中质量点的运动微分方程。

根据牛顿第二定律,集中质量点的运动微分方程如下所示:

$$M\ddot{R} = M\frac{\partial^2 R}{\partial t^2} = F_D + F_I + F_T + B + W \qquad (2.10)$$

其中,F_D 和 F_I 分别为作用在网衣上的拖曳力与惯性力,$\ddot{R}$ 是集中质量点的加速度,F_T 是网衣目脚的张力,B 是网衣浮力,W 是网衣重力。

2.4　锚绳系统的模拟

对于海洋牧场而言,锚绳系统的设计和安装关系到整个牧场结构的安全。与网衣结构类似,采用集中质量点的方法建立锚绳系统的数值模型,首先介绍锚绳结构的受力。

2.4.1　锚绳受力分析

采用集中质量法(Lumped mass method)建立锚绳系统的数值模型,该方法忽略了锚绳的抗弯及抗扭刚度。锚绳简化为一系列无质量的弹簧连接的质量点,采用有限差分法求解集中质量点的运动微分方程。Walton 和 Polacheck[113]是最先采用集中质量法对锚绳系统进行分析的研究人员,其数值模型没有考虑材料的弹性,并且数值模型没有得到验证,采用的显式中心差分格式被证明是条件稳定的数值方法。Wilhelmy[114, 115] 和 Nakajima 等[116] 在 Walton 和 Polacheck 研究的基础上,考虑了锚绳的弹性以及锚绳与海床的相互作用,其水动力系数由锚链受迫振动的模型试验获得,数值模拟结果与物理模型试验的结果吻合较好。本文描述了锚绳系统的运动微分方程,将其与网箱结构的数值模型联合求解,能够实现网箱与锚绳系统之间的耦合分析。

　　连接漂浮结构物的锚绳系统受到重力、浮力、水动力的作用。如图 2.7(a)所示,锚绳由无质量弹簧连接的集中质量点模拟。如图 2.7(b)所示,取其中任意一锚绳微段进行分析,微段由无质量的弹簧(单元 j)和两端的集中质量点(节点 i 和 $i+1$)构成。

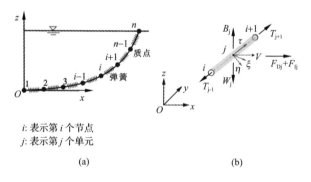

i: 表示第 i 个节点
j: 表示第 j 个单元

(a)　　　　　　　　　　　(b)

图 2.7　锚绳单元和节点示意图

Fig. 2.7　The schematic diagram of the elements and nodes for the mooring line

　　锚绳单元被视为圆柱体,为了考虑作用于锚绳单元上外力的方向,在锚绳单元上建立坐标系 $\tau\eta\xi$,τ 轴为单元的切线方向,η 轴

位于 τ 轴和水质点速度向量 V 所在的平面,锚绳单元中点处的水质点速度分为 τ(切向)和 η(法向)分量。在整体坐标系下,从 i 至 $i+1$ 的向量 e 表示锚绳单元,向量在三个局部坐标系下的分量分别为:$e_\tau = (x_\tau, y_\tau, z_\tau)$,$e_\eta = (x_\eta, y_\eta, z_\eta)$ 和 $e_\xi = (x_\xi, y_\xi, z_\xi)$。

作用于单元 j 上的水动力采用下式计算:

$$F_\tau = F_{D\tau} + F_{I\tau} = -\frac{1}{2}\rho C_{D\tau} D l \,|\,\dot{\tau} - e_\tau \cdot V\,|\,(\dot{\tau} - e_\tau \cdot V) + \rho \,\forall\, \boldsymbol{a}_\tau$$

$$+ C_{m\tau} \rho \,\forall\, (\boldsymbol{a}_\tau - e_\tau \cdot \dot{V}) \qquad (2.11)$$

其中,$C_{D\tau}$ 是沿 τ 轴的拖曳力系数,D 是锚绳单元直径,l 是单元长度。类似的式子能够用来计算水动力沿 η 轴和 ξ 轴的分量(F_η,F_ξ)。

采用 Webster[117] 给出的公式计算拖曳力系数 C_{Dn} 和 $C_{D\tau}$,拖曳力系数为雷诺数的函数,表示如下:

$$C_{Dn} = \begin{cases} 0.0 & (\text{Re}_n \leqslant 0.1) \\ \dfrac{0.45 + 5.93}{(\text{Re}_n)^{0.33}} & (0.1 < \text{Re}_n \leqslant 400) \\ 1.27 & (400 < \text{Re}_n \leqslant 10^5) \\ 0.3 & (\text{Re}_n > 10^5) \end{cases} \qquad (2.12)$$

$$C_{D\tau} = \begin{cases} \dfrac{1.88}{(\text{Re}_n)^{0.74}} & (0.1 < \text{Re}_n < 100.55) \\ 0.062 & (\text{Re}_n > 100.55) \end{cases} \qquad (2.13)$$

其中,$\text{Re}_n = \rho V_{Rn} D / \mu$,$\mu$ 是水的黏性系数,D 是锚绳直径,ρ 是水的密度,V_{Rn} 是锚绳单元与水质点之间的相对速度。

2.4.2 锚绳运动方程

对于锚绳而言,都可以简化为集中质量点。通过上述分析,可以获得作用于每一个集中质量点的受力情况，之后利用牛顿第二定律，建立集中质量点的运动微分方程，通过差分法求解集中质量点的运动微分方程，可以对锚绳及浮球进行数值模拟，分析其动力特性。锚绳及浮球集中质量点的运动微分方程如下所示：

$$m_i a_i = \sum_{j=1}^{count} (F_{Tj} + W_j + B_j + F_{Dj} + F_{Ij}) \qquad (2.14)$$

其中，下标 i 表示节点（集中质量点）编号，下标 j 表示与节点 i 相连的单元编号，count 表示与节点 i 相连的单元总数。

2.5 网箱及锚绳系统物理模型设计

重力式网箱是目前中国应用范围最广的网箱结构形式，对其进行动力分析的方法主要包括物理模型试验和数值模拟。上文详细介绍了重力式网箱及其锚绳系统的数值模型，为了对其数值模型进行验证，必须进行相关的物理模型试验。本节将根据目前国内常用的网箱结构尺寸、试验条件（试验水槽水深、造波能力）、实际海况条件、试验材质及采集设备的量程等因素，确定网箱物理模型的尺寸。基于上述因素综合分析，确定物理模型试验的模型比尺为 1：20。考虑物理模型试验的相似准则，对网箱及其锚绳系统的各部分主要构件进行设计。

2.5.1 浮架系统

重力式网箱的浮架系统主要由浮管、护栏、立柱和内外浮管的连接件构成。通常情况下浮架处于漂浮状态，双排浮管是浮架系统承受海洋环境荷载的主要构件。结合模型试验的可操作性，在模型设计时,将浮架系统简化为同心圆环形浮管,并不设置扶手、立柱、内外浮管连接件等附属构件,而将这些附属构件的重量折算到双排浮管上。下面将综合考虑浮管物理模型的几何相似、重力相似和弹性相似。

a)几何相似

根据常见的原型网箱的浮架尺寸以及模型试验中采用的相似比尺,可以确定试验中采用的浮架模型的尺寸如下:

浮管的外径:$D/\lambda=280/20=14.0$ mm,其中,D 为原型网箱的浮管外径,λ 为模型试验中采用的相似比尺。

浮架模型的周长:$C/\lambda=25/20=1.25$ m,其中,C 为原型网箱的浮架周长。

b)重力相似

在物理模型试验中没有设置网箱的护栏、立柱以及连接构件,为了使模型网箱与原型网箱符合重力相似准则,将护栏、立柱以及连接构件的重量折算到浮管中。原型网箱的浮管外径为 250 mm,壁厚为 13 mm,浮管的内径为 $250-13\times2=224$ mm,计算得到的原型网箱浮架的单位长度(每米)重量为 $\rho=29.25$ kg。对于浮架模型而言,为了满足重力相似准则,浮管模型的线密度应该为 $\rho/\lambda^2=29.25/20^2=0.073\ 1$ g/mm。

c)弹性相似

原型网箱中的浮架是由 HDPE(高密度聚乙烯)材料制作的,在海洋荷载作用下会产生一定的变形,并且由于浮管的直径较小,浮架的变形对其受到的水动力荷载影响很小,考虑到浮架的物理模型很难同时满足几何相似、重力相似和弹性相似,不考虑浮架的弹性相似,也不分析浮管的变形,只是采用具有一定抗弯刚度的管材制作浮架模型。

基于上述相似准则和市场上可用的管材,确定了物理模型试验中采用的浮架模型的几何和材料参数,相关的几何与材料参数详见表2.1,浮架的物理模型如图2.8所示。

表 2.1 双排浮管的几何与材料参数

Tab. 2.1 **Geometrical and material parameters of double floating pipes**

构件	参数	数值
	外径(mm)	15.0
	直径(cm)	40.0
内浮管	周长(cm)	125.6
	密度(g.m^{-1})	73.2
	材料	HDPE
	外径(mm)	15.0
	直径(cm)	44.0
外浮管	周长(cm)	138.2
	密度(g.m^{-1})	73.2
	材料	HDPE

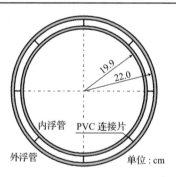

图 2.8 浮架物理模型示意图

Fig. 2.8 The schematic diagram of the floating collar in physical model test

2.5.2 网衣系统

网箱系统中的网衣构件可以防止养殖鱼群从网箱中逃脱,给养殖鱼群提供一个封闭的生存空间,并且可以防止野生鱼群对网箱中养殖鱼群的侵袭。在海洋环境荷载的作用下,网衣作为一种柔性结构物,会产生大的变形,从而影响网箱内部养殖鱼群的生存。进行网箱的物理模型试验,对网衣的准确模拟非常关键,国内外学者提出了较多的网衣物理模型试验的相似准则,如田内相似准则、狄克逊准则和克里斯登生准则等。田内相似准则要求水流流速按照较小的尺度比的平方根缩小,限制了部分试验条件的设计。因为在网箱试验中不仅要考虑水流条件,同时需要考虑波浪条件,按照田内相似准则设计的试验波浪条件一般难以实现。狄克逊准则和克里斯登生准则要求网衣的模型比尺控制在 $\lambda = 8$(狄克逊)或 $\lambda = 15$(克里斯登生)以内,这些准则较多地应用于尺度较大的拖网试验中,但养殖网箱需要同时考虑波浪和水流条件,模型相似比尺往往达到 $\lambda = 20$ 或更大。本文采用桂福坤[118]提出的双尺度模型相似准则模拟网衣,该相似准则可以用于分析网衣结构在波浪作用下的模型相似,下面分别介绍网衣结构的几何相似、重力相似和弹性相似。

a)几何相似

网衣结构的设计主要包括网衣的轮廓尺寸、网目大小和网线直径。如果这三个参数采用同一个模型相似比尺,存在两个方面的问题:首先是网衣的制作有问题,进行网衣的波浪模型试验,需要采用一个较大的相似比尺,本文采用 1:20。如果网线的直径也采用这样一个较大的相似比尺,那么模型试验中采用的网线直径就变得非常小,这给网衣的制作带来极大的困难;其次,如果在模型试验中采用特别细的网线,会造成原型网线与模型网线周围流场的流态不同,给网衣水动力模拟造成较大的误差;因此,在本文的网衣模型中,网衣轮廓采用一个大尺度比1∶20,而网目大小与网线直径采用一个小尺度比。

考虑到网衣受力主要为水流阻力,采用等效网衣的方法替代理论模型网衣,等效网衣与理论模型网衣之间受到的水流阻力是相同的。由于网衣受到的水流阻力与单位面积网衣在水流垂直方向上的投影面积(迎流面积)大小有关,在保证等效网衣与理论模型网衣迎流面积相同的前提下,可以用等效网衣代替理论模型网衣进行网箱的物理模型试验。

为了保证等效网衣与理论模型网衣具有相同的迎流面积,考虑如下:

原型网衣的目脚长度为 4 cm,网线直径为 1.95 mm。如果直接根据几何相似条件,采用 1∶20 的相似比尺,模型网衣的网目大小和网线直径应该为 2 mm 和 0.098 mm,这种网衣在制作上很困难,在物理模型试验中使用时,也会因为网目太密,影响水流的流态,使试验结果与实际的网箱有很大的差异。

考虑到理论的模型网衣的网目为 $a_1=2$ mm,网线直径为 $d_1=0.098$ mm。网衣装配时,采用菱形网目,网目对角线长度与两倍网目长度之比,称为缩结系数。设水平缩结系数为 u_1,垂直缩结系数为 u_2。

如图 2.9 所示,采用菱形装配形式的网衣,每一目网衣在水平方向投影的长度为 $2a_1u_1$,在垂直方向投影的长度为 $2a_2u_2$;单个目脚在水流垂直方向上的投影面积为 $S_1=a_1\times d_1$,由此可以计算出

单位面积网衣在水流方向上的投影面积为

$$M_1 = \frac{1}{2a_1 \cdot u_1} \times \frac{1}{2a_2 \cdot u_2} \times 4S_1 = \frac{S_1}{a_1^2 u_1 u_2} \qquad (2.15)$$

其中，u_1 为水平缩结系数，u_2 为垂直缩结系数。

对于等效模型网衣，设网目大小为 a_2，网线直径为 d_2。假设水平缩结系数和垂直缩结系数不变，单个目脚在水流垂直方向上的投影面积为 $S_2 = a_2 \times d_2$，则单位面积网衣在与流向垂直的平面上的投影面积为

$$M_2 = \frac{1}{2a_2 \cdot u_1} \times (\frac{1}{2a_2 \cdot u_2}) \times 4S_2 = \frac{S_2}{a_2^2 u_1 u_2} \qquad (2.16)$$

为了使得等效网衣与模型网衣有相同的迎流面积，令 $M_1 = M_2$，即

$$\frac{S_1}{a_1^2 u_1 u_2} = \frac{S_2}{a_2^2 u_1 u_2} \qquad (2.17)$$

将 $S_1 = a_1 \times d_1$，$S_2 = a_2 \times d_2$ 代入并整理得

$$\frac{a_1}{d_1} = \frac{a_2}{d_2} = 20.5 \qquad (2.18)$$

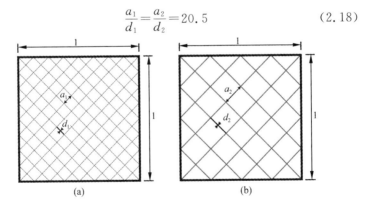

图 2.9　理论网衣与等效网衣示意图

Fig. 2.9　The Schematic diagram of the theoretical nets and equivalent nets

所以，只要网箱物理模型试验中采用的等效网衣的网目大小与网线直径之比为 20.5，即可保证等效网衣与理论模型网衣受到的水流力相同。本文采用的网衣网目大小为 20.5 mm，网线直径为 1.0 mm。采用的网衣参数如表 2.2 所示。

表 2.2　网衣几何参数

Tab. 2.2　Geometrical parameters of nets

构件	参数	数值
网衣	网目（mm）	20.5
	网线直径（mm）	1.0
	深度（cm）	31.2
	长度（cm）	131.0
	水平方向目数	60
	垂直方向目数	9

b）重力相似

为了保证网衣模拟的几何相似，采用了等效网衣来进行模拟，会带来等效网衣模型与理论网衣模型在重量上的差异，故此需要对等效网衣模型进行重量校正，以此来满足重力相似准则。假设原型网衣与等效网衣在装配时，采用了相同的水平和垂直缩结系数，分别为 0.53 和 0.85。网衣的质量修正公式采用桂福坤[118]给出的公式为

$$\Delta W = \left(\frac{1}{\lambda'} - \frac{1}{\lambda} \right) \cdot \left(\frac{\pi d_p^2}{4 a_p \mu_1 \mu_2} \times 10^4 \right) \cdot (\rho_n - \rho) \cdot q \cdot S \quad (2.19)$$

其中，ΔW 为网衣的修正质量，λ 为模型大尺度比 20，λ' 模型小尺度比 $d_p/d_m = 40/20.5 = 1.95$，d_p 为原型网衣的网线直径，a_p 为原型网衣的目脚长度，ρ_n 为网衣材质的密度。文中网衣为尼龙材质，

$\rho_n = 1.14\ \text{g/cm}^3$，$\rho$ 为水的密度，网线密实度为 $q = 0.768$，网衣的缩结面积为 $S = C_n \times l_n = 31.2 \times 131.0 = 4\ 087.2\ \text{cm}^2$，由此可以计算出 ΔW 为 3.3 g。这意味着采用等效网衣比理论模型网衣的重量增加了 3.3 g，通过调节沉子的重量，在沉子中可以减去相应的质量，从而使网衣满足重力相似准则。

c）弹性相似

网衣的刚度对网衣的变形会产生一定的影响，为了考虑网衣的弹性相似，把网衣考虑成一系列的弹性杆件进行弹性相似的推导，方法与一般的杆件相同。为了满足网线的弹性相似，网线直径需要满足以下公式：

$$\frac{d_p}{d_m} = \lambda \cdot \sqrt[4]{\lambda' \frac{E_m}{E_p}} \tag{2.20}$$

式中，d_p 为原型网衣的网线直径，d_m 为模型网衣的网线直径；E_m、E_p 分别为原型和模型网线的弹性模量。为了保证网衣模型受到的水流阻力相似，必须保持网衣沿水流方向的投影面积相似，但是实际上很难同时满足网衣的迎流面积相似和网线的弹性相似，为此，本文采用截断部分网线的办法，来保证网衣的弹性相似。

2.5.3 沉子系统

原型网箱中的沉子采用的是球形混凝土块体，沉子的重量为 17.0 kg/个，按模型比尺 $\lambda = 20$，要求模型网箱中采用的沉子单个重量为 $17.0\ \text{kg}/\lambda^3 = 2.13\ \text{g}$。沉子的个数为 10 个，模型网箱中沉子的总重量为 21.3 g，同时考虑网衣模拟时产生的质量差异 3.3 g，因此,网箱模型试验中采用的沉子总重量为 $21.3-3.3=18.0\,\mathrm{g}$,具体参数如表 2.3 所示。

表 2.3　沉子系统的结构参数

Tab. 2.3　The structural parameters of the sinker system

材质	总重量(g)	个数	单个重量(g)	直径(cm)	形状
橡皮泥内包铅块	18.0	10	1.8	0.755	球形

2.5.4　锚绳系统

锚绳系统用来固定网箱在一个相对稳定的位置,方便网箱的管理与维护。组合式网箱的锚绳系统为网格式锚碇系统,包含较多的锚绳,组合式网箱的整个锚碇系统占地面积比较大,在水槽中很难进行模拟。本文的物理模型试验中,对组合式网箱的网格式锚碇系统进行简化,采用四点锚碇的形式将网箱直接固定于水槽底部。针对组合式网箱锚绳系统的水动力特性,在后面的章节中采用数值模拟的方法进行研究。

网箱的锚碇系统通常由锚绳、锚链和锚组成。在锚绳与锚之间设置一段锚链的原因是:锚链的抗磨损能力强,锚链的密度大,能够在海底处与海床形成一个较小的夹角,减小锚受到的垂直方向的力,增加了锚碇系统的安全性。

受到锚链及锚绳自重的影响,锚绳具有一定的初始张力,在物理模型试验中,不设置锚链,只是采用缩短锚绳长度的方法,对锚绳施加了一定的初始张力。

与其他海洋结构物的物理模拟相似,锚绳系统的模拟也需要考虑几何相似、重力相似和弹性相似。由于锚绳的直径较小，在波浪和水流作用下产生的拖曳阻力较小，与锚绳受到的拉力相比，可以忽略不计。因此，对于锚绳的物理模拟，将锚绳的弹性相似作为主要控制条件。

原型锚绳的材质是 PP/HDPE（朝鲜麻），首先必须获得 PP/HDPE 的受力与伸长率的相关数据。查相关文献[119]得 PP 绳的破断强度与直径的关系资料如表 2.4 所示。PP 绳在不同荷载作用下的平均伸长率如表 2.5 所示。

表 2.4　PP 绳的破断强度与直径的关系

Tab. 2.4　Relationship between the breaking strength of PP rope and its diameters

直径 d/mm	6	8	10	12	14	16	18	20	22
破断强度 F_T(kg)	550	960	1 425	2 030	2 790	3 500	4 450	5 370	6 500
F_T/d^2	15.28	15.00	14.25	14.10	14.23	13.67	13.73	13.43	13.43
直径 d(mm)	24	28	32	36	40	44	48	52	56
破断强度 F_T(kg)	7 600	10 100	12 800	16 100	19 400	23 400	27 200	31 500	36 000
F_T/d^2	13.19	12.88	12.50	12.42	12.13	12.09	11.81	11.65	11.48

表 2.5　不同荷载作用下 PP 绳的平均伸长率

Tab. 2.5　The average elongation rate of PP rope under different loads

荷载为断裂强力的百分比(%)	5	10	20	30	40	50	60
PP 单丝	2.4	4.8	9.2	12.7	15.8	18.8	21.7
PP 裂膜纤维	1.8	3.1	5.5	8.5	11.6	13.6	15.6

原型网箱 PP 锚绳的原材料是单丝，因此采用表 2.5 中第一组数据，根据 Wilson 关于尼龙绳弹性伸长关系式的推导：

$$\frac{F_T}{d^2} = Ce\left(\frac{\Delta S}{S}\right)^n \qquad (2.21)$$

式中，F_T 为破断强度（kg），d 为锚绳直径，F_T/d^2 按表 2.4 取值，本文采用平均值处理得 $F_T/d^2 = 1\ 318.2\ \text{kg/cm}^2$，$Ce$ 和 n 为待定系数，$\Delta S/S$ 为伸长率。经过数值转换得值如表 2.6 所示：

表 2.6　锚绳受力与伸长率关系换算表

Tab. 2.6　The transformation relationship between the force and the elongation rate of the mooring line

F_T/d^2		$\ln\left(\dfrac{F_T}{d^2}\right)$	变形率$\dfrac{\Delta S}{S}$	$\ln\left(\dfrac{\Delta S}{S}\right)$
百分比（%）	kg/cm²			
5	65.91	4.188	0.024	−3.730
10	131.82	4.881	0.048	−3.037
20	263.64	5.575	0.092	−2.386
30	395.46	5.980	0.127	−2.064
40	527.28	6.268	0.158	−1.845
50	659.1	6.491	0.188	−1.671
60	790.92	6.673	0.217	−1.528

经线性回归分析得到以下方程：

$$\ln\left(\frac{F_T}{d^2}\right) = 8.352 + 1.132\ln\left(\frac{\Delta S}{S}\right) \qquad (2.22)$$

整理上述方程得到

$$\frac{F_T}{d^2} = 4\ 238.6 \times \left(\frac{\Delta S}{S}\right)^{1.132} \qquad (2.23)$$

由此可见，待定系数

$$Ce = 4.239 \times 10^3\ \text{kg/cm}^2, n = 1.132$$

根据受力相似可得模型试验中锚绳的弹性关系为

$$F_{Tm} = \left(\frac{1}{\lambda}\right)^3 F_T = \left(\frac{1}{20}\right)^3 \times 4\,238.6 \times 4.0^2 \times \left(\frac{\Delta S}{S}\right)^{1.132} \quad (2.24)$$

将上式进行整理,得到

$$F_{Tm} = 84.7 \left(\frac{\Delta S}{S}\right)^{1.132} \quad (2.25)$$

其中,F_{Tm} 为模型锚绳的张力,单位为 N;S 为锚绳的原长,单位为 m;ΔS 为锚绳伸长量,单位为 m。通过式 2.25 计算可以得到模型锚绳的伸长率与锚绳张力之间的关系如表 2.7 所示。

表 2.7 模型锚绳伸长率与张力的关系

Tab. 2.7 **The relationship between the elongation rate and the force of the mooring line model**

F_{Tm}/kg	0.05	0.10	0.15	0.20	0.25	0.30	0.35	0.40	0.45
$\Delta S/S$(%)	1.1	2.0	2.87	3.6	4.4	5.2	6.0	6.7	7.5

结果表明,PP 绳的弹性关系接近于线性关系。锚绳的弹性相似采用橡皮筋进行模拟,经过实际测量,先将 3 根橡皮筋并联成一组,之后再将两组橡皮筋串联可近似满足所需的弹性关系。

模型试验中,假设模型锚绳的弹性变形完全由橡皮筋提供,除橡皮筋以外的锚绳的弹性忽略不计。采用橡皮筋模拟锚绳获得的锚绳变形与张力关系如表 2.8 所示。物理模型试验中使用的锚绳的弹性关系的计算值和实测值如图 2.10 所示,从图中可以看出,物理模型试验模拟的锚绳弹性关系的实测值与计算值较为接近。

表 2.8   不同荷载作用下橡皮筋的伸长率

Tab. 2.8   Elongation rate of rubber band under different loads

序号	挂重/kg	净伸长/cm	模型长度/cm	实测伸长率/%
1	0.05	1.5	179.4	0.84
2	0.1	3.1	179.4	1.73
3	0.15	4.8	179.4	2.68
4	0.2	6.5	179.4	3.63
5	0.25	8.2	179.4	4.58
6	0.3	9.8	179.4	5.47
7	0.35	11.5	179.4	6.42
8	0.4	12.9	179.4	7.21
9	0.45	14.2	179.4	7.93

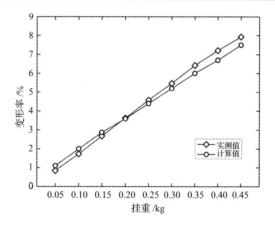

图 2.10   锚绳弹性关系的计算值与实测值的比较

Fig. 2.10   Comparison between the calculated results and the measured

data for the mooring line elasticity

物理模型试验是在大连理工大学海洋环境水槽中进行的,水槽长 50 m,宽 3 m,高 0.7 m。物理模型试验布置图如图 2.11 所示,采集设备包括浪高仪、CCD图像采集系统、数据采集系统、水下测力传感器、微机等。浪高仪固定在试验区内,由微机直接通过动态电阻应变仪及线缆采集浮架中心处的波高。测力传感器两端与锚绳相连,并通过线缆与微机连接,采集锚绳的张力。CCD摄像机架设于试验区一侧,采集网箱浮架的运动,图片存储于微机中,采用自主开发的软件分析网箱示踪点的运动轨迹。

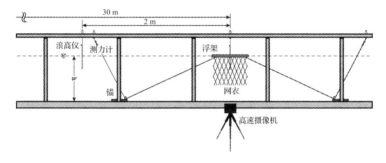

图 2.11　物理模型试验布置

Fig. 2.11　The setup of physical model tests

　　如图 2.11 所示,浮架通过固定于水槽底部的定滑轮与测力计相连,测力计处于水面以上。这种布置方式有两个优点:(1)由于测力计的体积较大,测力计受到的水动力会影响锚绳的受力,将测力计布置在水面以上可以减小测力计的运动对于锚绳张力测量的影响;(2)在布置网箱的物理模型时,锚绳的长度与设计长度会存在较小的偏差,采用如图所示的设置,能够在进行模型试验时,较为方便地调整锚绳的长度,使得锚绳的初始张力满足设计要求。

　　图 2.12 表示重力式网箱模型示意图,波浪沿着 x 轴入射,由于网箱及其锚绳的对称特性,在波浪作用下浮架的运动为二维平面运动,只需要测量浮架三个自由度,包括纵荡、升沉和纵摇,采用

一个相机就能测量浮架的平面运动。为了测量浮架的运动响应，在浮架上布置了发光二极管，浮架上示踪点从左至右分别为浮架前系缆点（简称前点）和浮架后系缆点（简称后点），采用 CCD 高速相机捕捉发光二极管的运动轨迹。

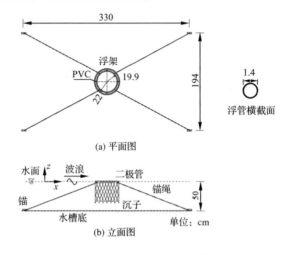

(a) 平面图

(b) 立面图

图 2.12　重力式网箱模型示意图

Fig. 2.12　The schematic diagram of the gravity net cage model

3 不规则波浪作用下单体网箱的水动力特性

在海洋工程结构物的设计中,通常采用设计波的方法对其进行设计,但是实际海洋中的波浪通常为不规则波浪,为了建立网箱设计的标准,采用物理模型试验和数值模拟分析了四点锚碇的单体网箱在规则波浪和不规则波浪作用下的锚绳张力、浮架运动和网箱变形,并将规则波浪和不规则波浪的结果进行对比。与水流作用下稳定的拖曳力相比,不规则波浪作用下网箱的浮架运动和锚绳张力是随机过程,对其进行分析更加复杂。由于很难获得波浪力和网箱结构响应的准确表达式,采用统计学的方法对网箱在不规则波浪作用下的动力响应进行分析;对于规则波浪条件下网箱的动力响应,采用振幅响应算子(RAOs)进行分析,对于不规则波浪条件下网箱的动力响应,采用线性传递函数对其动力响应进行分析。下文首先回顾了随机过程的分析理论,之后给出了物理模型试验获得的网箱及其锚绳系统在波浪条件下的动力响应,并将其与数值模拟的结果进行对比,验证了数值模型的有效性。基于数值模拟得到的单体网箱及其网格式锚碇系统在不规则波浪作用下的锚绳张力,采用 σN 曲线和 Miner-Palmgren 理论分析了锚绳的疲劳损伤。

3.1 理论回顾

采用自谱密度函数和互谱密度函数分析系统在频域内的特性。对于任意的随机过程 $x(t)$,自相关函数 $R_{xx}(\tau)$ 为两个同步记录的随机过程的乘积,两个同步记录的随机过程之间设置一个时间差 τ,则

$$R_{xx}(\tau) = E[x(t) \cdot x(t+\tau)] \tag{3.1}$$

对于平稳、各态历经随机过程,自相关函数能够通过对数据记录($-T$ 到 $+T$)取平均值获得,可表示为

$$R_{xx}(\tau) = \lim_{T \to \infty} \frac{1}{2T} \int_{-T}^{T} x(t) \cdot x(t+\tau) \mathrm{d}t \tag{3.2}$$

Ochi[120] 认为海洋波浪和网箱的系统响应是弱平稳、各态历经的随机过程。平稳的随机过程有如下的统计特性,自相关函数与时间起始点无关,即不随时间 t 改变;各态历经的平稳随机过程的统计特性能够通过单个样本获得。

傅里叶变换能够用来做时域(t)与频域(f)之间的变换,对于时间过程 $x(t)$ 的傅里叶变换为

$$X(f) = \int_{-\infty}^{\infty} x(t) \mathrm{e}^{-i2\pi ft} \mathrm{d}t \tag{3.3}$$

和

$$x(t) = \int_{-\infty}^{\infty} X(f) e^{i2\pi ft} \, \mathrm{d}f \qquad (3.4)$$

对随机过程的自相关函数进行傅里叶变换,能够获得双侧的自谱密度函数为

$$P_{xx}(f) = \int_{-\infty}^{\infty} R_{xx}(\tau) e^{-i2\pi f\tau} \, \mathrm{d}\tau \qquad (3.5)$$

类似地,对于相互独立的两个时间过程 $x(t), y(t)$,互相关函数表示为

$$R_{xy}(\tau) = E[x(t) \cdot y(t+\tau)] \qquad (3.6)$$

基于弱稳定和各态历经的假定

$$R_{xy}(\tau) = \lim_{T \to \infty} \frac{1}{2T} \int_{-T}^{T} x(t) \cdot y(t+\tau) \mathrm{d}\tau \qquad (3.7)$$

类似地,对互相关函数进行傅里叶变换获得如下的双侧互谱密度函数

$$P_{xy}(f) = \int_{-\infty}^{\infty} R_{xy}(\tau) e^{-i2\pi f\tau} \, \mathrm{d}\tau \qquad (3.8)$$

本文中 $x(t)$ 表示海洋波面过程线,$y(t)$ 表示浮架的运动响应和锚绳张力响应。双侧自谱和互谱密度函数从 $-\infty$ 到 ∞ 是连续的。实际上,测量数据都是在 0 到 ∞,需要分析单侧自谱密度函数和互谱密度函数

$$S_{xx}(f) = 2P_{xx}(f)(0 \leqslant f) \qquad (3.9)$$

和

$$S_{xy}(f) = 2P_{xy}(f)(0 \leqslant f) \qquad (3.10)$$

结合式(3.2)、式(3.4)和式(3.9),考虑 $\tau = 0$ 的情况,可以得到如下的方差表达式

$$\frac{1}{2T}\int_{-T}^{T} x^2(t)\,\mathrm{d}t = \int_0^\infty S_{xx}(f)\,\mathrm{d}f \tag{3.11}$$

与单侧自谱密度函数 $S_{xx}(f)$ 不同,互谱密度函数 $S_{xy}(f)$ 包括实部和虚部为

$$S_{xy}(f) = C_{xy}(f) - iQ_{xy}(f) \tag{3.12}$$

其中,$C_{xy}(f)$ 和 $Q_{xy}(f)$ 分别为同相谱(Co-spectrum)和转向谱(Quadrature spectrum)。

利用同相谱 $C_{xy}(f)$ 和转相谱 $Q_{xy}(f)$ 可以计算互谱密度函数的振幅谱和相位谱,互谱密度函数 $S_{xy}(f)$ 的振幅谱为

$$|S_{xy}(f)| = [C^2{}_{xy}(f) + Q^2{}_{xy}(f)]^{1/2} \tag{3.13}$$

其相位谱表示 $y(t)$ 相对于 $x(t)$ 的滞后相位,可表示为

$$\theta_{xy}(f) = \tan^{-1}\frac{Q_{xy}(f)}{C_{xy}(f)} \tag{3.14}$$

脉冲响应函数用来描述常参数线性系统在时域内的输入与输出之间的关系,常参数系统的力学特性(包括刚度、阻尼及附加质量等)是不随时间变化的。对于网箱及锚绳系统,$x(t)$ 和 $y(t)$ 分别表示系统的输入(波高)和输出(浮架运动响应及锚绳张力响应),常参数线性系统响应可以通过脉冲响应函数与系统输入之间通过如下卷积计算得到

$$y(t) = \int_0^\infty h(\tau)x(t-\tau)\,\mathrm{d}\tau \tag{3.15}$$

其中,如果 $\tau < 0, h(\tau) = 0$;通过乘积 $y(t) \cdot y(t+\tau)$ 和 $x(t) \cdot y(t+\tau)$ 可以得到输入信号与输出信号的自相关函数和互相关函数为

$$R_{xx}(\tau) = \int_0^\infty h(\alpha)h(\beta)R_{xx}(\tau+\beta-\alpha)\,\mathrm{d}\alpha\mathrm{d}\beta \tag{3.16}$$

和

$$R_{xy}(\tau) = \int_0^\infty h(\alpha) R_{xx}(\tau - \beta) \mathrm{d}\alpha \qquad (3.17)$$

其中,α 和 β 为时移变量。根据 Bendat 和 Piersol[121],对式(3.16)和式(3.17)进行傅里叶变换,结合代数变换可以得到如下所示的线性传递函数关系式为

$$S_{yy}(f) = |H(f)|^2 S_{xx}(f) \qquad (3.18)$$

和

$$S_{xy}(f) = H(f) S_{xx}(f) \qquad (3.19)$$

对于式(3.18)和式(3.19),线性传递函数定义为脉冲响应函数的傅里叶变换

$$H(f) = \int_0^\infty h(\tau) \mathrm{e}^{-i2\pi f\tau} \mathrm{d}\tau \qquad (3.20)$$

采用式(3.18)计算线性传递函数时,只能获得传递函数的幅值。采用式(3.19)计算传递函数时,由于互谱密度函数 S_{xy} 是复数,自谱密度函数 S_{xx} 是实数,获得的传递函数 $H(f)$ 为复数,可以获得传递函数的幅值 $|H(f)|$,相位为 $\theta(f)$。上述关系式中,$x(t)$,$y(t)$ 只表示输入信号和输出信号,不包括噪声信号。

利用自谱密度函数和互谱密度函数计算相干平方函数为

$$\gamma_{xy}^2(f) = \frac{|S_{xy}(f)|^2}{S_{xx}(f) S_{yy}(f)} \qquad (3.21)$$

对于线性系统而言,相干平方函数表示的是由于系统输入信号 $x(t)$ 产生的输出响应的自谱密度函数与实际测量得到的输出响应 $y(t)$ 的自谱密度函数的比值。

上述分析都是针对连续函数,然而实际采集的数据为有限长

度的离散数据。对于系统输入信号与输出信号的傅里叶变换可以描述为

$$X(f,T) = \int_0^T x(t)\mathrm{e}^{-i2\pi ft}\,\mathrm{d}t \qquad (3.22)$$

和

$$Y(f,T) = \int_0^T y(t)\mathrm{e}^{-i2\pi ft}\,\mathrm{d}t \qquad (3.23)$$

假定系统输入信号 $x(t)$ 与输出信号 $y(t)$ 的采样间隔为 Δt，采样长度为 N，离散数据为

$$x_n = x(n\Delta t) \quad n = 0,1,2,\cdots,N-1 \qquad (3.24)$$

和

$$y_n = y(n\Delta t) \quad n = 0,1,2,\cdots,N-1 \qquad (3.25)$$

因此，式(3.22)和式(3.23)的离散表达式为

$$X(f,T) = \Delta t\sum_{n=0}^{N-1} x_n\mathrm{e}^{-i2\pi fn\Delta t} \qquad (3.26)$$

和

$$Y(f,T) = \Delta t\sum_{n=0}^{N-1} y_n\mathrm{e}^{-i2\pi fn\Delta t} \qquad (3.27)$$

计算采用的是快速傅里叶变换 FFT，频域内的离散频率为

$$f = f_k = \frac{k}{T} = \frac{k}{N\Delta t} \quad k = 0,1,2,\cdots,N-1 \qquad (3.28)$$

双侧自谱密度函数和互谱密度函数计算如下：

$$P_{xx}(f,T,k) = \frac{1}{N\Delta t}X_k(f,T)X_k^*(f,T) \qquad (3.29)$$

$$P_{yy}(f,T,k) = \frac{1}{N\Delta t}Y_k(f,T)Y_k^*(f,T) \qquad (3.30)$$

和

$$P_{xy}(f,T,k) = \frac{1}{N\Delta t} X_k(f,T) Y_k^*(f,T) \qquad (3.31)$$

其中，$X_k^*(f,T)$ 和 $Y_k^*(f,T)$ 为输入时间序列 $x(t)$ 和输出时间序列 $y(t)$ 经过 FFT 变换之后 $X_k(f,T)$ 和 $Y_k(f,T)$ 的复共轭。

3.2 波浪场模拟

分析了网箱及其锚绳系统在规则波浪和不规则波浪作用下的动力响应，Zhao[122]研究表明，采用 Morison 公式计算网箱结构的水动力荷载时，可以采用 Stokes 一阶波浪理论或者五阶波浪理论，只是采用的水动力系数有所不同，但总体结果基本相同，因此，本文采用 Stokes 一阶波模拟规则波浪，运用线性叠加法模拟不规则波浪场。

3.2.1 规则波浪

采用物理模型试验和数值模拟的方法分析了网箱及其锚绳系统在规则波浪作用下的动力响应，应用线性波浪理论描述波浪场，速度势为

$$\phi = -A\frac{g}{2\pi f}\frac{\cosh k(d+z)}{\cosh kd}\sin(kx - 2\pi ft) \qquad (3.32)$$

波面 η 为

$$\eta = A\cos(kx - 2\pi ft) \qquad (3.33)$$

水质点的速度为

$$u = A \cdot 2\pi f\frac{\cosh(k(z+h))}{\sinh(kh)}\cos(k_z x + k_y y - 2\pi ft) \qquad (3.34)$$

$$w = A \cdot 2\pi f \frac{\sinh(k(z+h))}{\sinh(kh)} \sin(k_x x + k_y y - 2\pi ft) \quad (3.35)$$

色散关系为

$$(2\pi f)^2 = gk\tanh(kd) \quad (3.36)$$

其中, A 是波幅; g 是重力加速度; f 是频率; k 是波数, 等于 $2\pi/L$; L 是波长; d 是水深; z 是水质点的垂直位置; x 是水质点的水平位置。

采用响应幅值算子(RAO_s)的方法分析网箱及锚绳系统在规则波浪作用下的水动力响应, 响应幅值算子(RAO_s) = 系统输出信号幅值/系统输入信号幅值。具体的响应幅值算子如下:

升沉响应幅值算子: 升沉响应幅值/波面处水质点垂直运动幅值(波高);

纵荡响应幅值算子: 纵荡响应幅值/波高;

锚绳张力响应幅值算子: 锚绳张力幅值/波高。

3.2.2 不规则波浪

采用线性波浪叠加的方法对不规则波浪进行数值模拟, 分析了网箱及其锚绳系统在不规则波浪作用下的水动力响应。

不规则波浪视为平稳的随机过程, 可以由多个不同周期和不同初始相位的规则波浪叠加而成:

$$\eta(x,t) = \sum_{j=1}^{n} A_j \cos(k_j x - 2\pi f_j t + \varepsilon_j) \quad (3.37)$$

其中

$$A_j = \sqrt{2S(f_j)\Delta f} \quad (3.38)$$

式中, A_j 和 k_j 分别表示各组成波的波高和波数, ε_j 是 0 到 2π 之间均匀分布的随机数。

不规则波浪的模拟采用 Goda[123] 建议的改进的 Jonswap 谱，表示为

$$S(f) = \beta_J H_{1/3}^2 T_p^{-4} f^{-5} \exp[-1.25(T_p f)^{-4}] \cdot \gamma^{\exp[-(f/f_p-1)^2/2\sigma^2]}$$

$$(3.39)$$

其中，T_p 为谱峰周期，$T_p = T_{H_{1/3}}/(1-0.132(\gamma+0.2)^{-0.559})$；$H_{1/3}$ 和 $T_{H_{1/3}}$ 分别为有效波高和有效周期；f 是波浪频率；f_p 是谱峰频率；σ 峰形参数 $\sigma = 0.07(f \leqslant f_p)$，$\sigma = 0.09(f > f_p)$；$\gamma$ 峰高因子，本文取值为 3.3；参数 β_J 由下式确定：

$$\beta_J = \frac{0.062\,38}{0.230+0.033\,6\gamma-0.185(1.9+\gamma)^{-1}} \cdot [1.094-0.019\,15\ln\gamma]$$

$$(3.40)$$

图 3.1 给出了十分之一大波波高为 0.12 m，周期为 1.2 s 的 Jonswap 谱示意图。

与不规则波浪波面表达式类似，不规则波浪水质点的速度表达式也采用规则波浪水质点速度的叠加来获得为

$$u(x,z,t) = \sum_{i=1}^{n} A_i \cdot 2\pi f_i \frac{\cosh(k_i(z+h))}{\sinh(k_i h)} \cos(k_{ix}x + k_{iy}y - 2\pi f_i t + \varepsilon_i)$$

$$(3.41)$$

$$w(x,z,t) = \sum_{i=1}^{n} A_i \cdot 2\pi f_i \frac{\sinh(k_i(z+h))}{\sinh(k_i h)} \sin(k_{ix}x + k_{iy}y - 2\pi f_i t + \varepsilon_i)$$

$$(3.42)$$

网箱及锚绳张力的线性传递函数可以采用自谱密度函数和互谱密度函数计算。波高的自谱密度函数采用 3.1 节给出的方法计算。

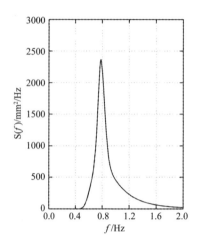

图 3.1　输入波浪谱($H_{1/10}$＝0.12 m 和 T_s＝1.2 s)

Fig. 3.1　Input wave spectrum, with $H_{1/10}$ of 0.12 m and T_s of 1.2 s

　　类似地,对于动力响应(锚绳张力与浮架运动响应)的时间过程线做傅里叶变换,也能得到相应的动力响应的自谱密度函数,

　　浮架升沉自谱密度函数:$S_{hh}(f)$;

　　浮架纵荡自谱密度函数:$S_{ss}(f)$;

　　锚绳张力自谱密度函数:$S_{tt}(f)$。

　　除此之外,还分析了网箱动力响应的互谱密度函数,

　　浮架升沉与波高的互谱密度函数:$S_{\eta h}(f)$;

　　浮架纵荡与波高的互谱密度函数:$S_{\eta s}(f)$;

　　锚绳张力与波高的互谱密度函数:$S_{\eta t}(f)$。

　　基于数值模拟和物理模型试验获得的网箱及锚绳系统在不规则波浪作用下的水动力响应,计算获得了其自谱密度函数和互谱密度函数,可以利用式(3.18)或式(3.19)采用自谱密度函数或互谱密度函数计算获得网箱各水动力响应的传递函数。

采用自谱密度函数计算传递函数的表达式如下：

$$H_h(f) = \left[\frac{S_{hh}(f)}{S_{\eta\eta}(f)}\right]^{0.5} \tag{3.43}$$

$$H_s(f) = \left[\frac{S_{ss}(f)}{S_{\eta\eta}(f)}\right]^{0.5} \tag{3.44}$$

$$H_t(f) = \left[\frac{S_{tt}(f)}{S_{\eta\eta}(f)}\right]^{0.5} \tag{3.45}$$

$H_h(f)$：浮架升沉传递函数；

$H_s(f)$：浮架纵荡传递函数；

$H_t(f)$：锚绳张力传递函数。

其次，采用互谱密度函数计算传递函数：

$$H_h(f) = \frac{S_{\eta h}(f)}{S_{\eta\eta}(f)} \tag{3.46}$$

$$H_s(f) = \frac{S_{\eta s}(f)}{S_{\eta\eta}(f)} \tag{3.47}$$

$$H_t(f) = \frac{S_{\eta t}(f)}{S_{\eta\eta}(f)} \tag{3.48}$$

采用自谱密度函数与互谱密度函数计算传递函数各有优缺点：采用自谱密度函数计算传递函数时，只能得到传递函数的幅值，不能获得输入信号与输出信号的相位关系；采用互谱密度函数计算传递函数时，能够获得输入信号与输出信号的相位关系，但是要求输入信号与输出信号是同时同地采样获得的信号，如下所示，

浮架升沉与波高的相位差：$\theta_{\eta h}(f)$；

浮架纵荡与波高的相位差：$\theta_{\eta s}(f)$；

锚绳张力与波高的相位差：$\theta_{\eta t}(f)$。

相干平方函数可以用来判断输入信号与输出信号的线性相干性，正如式（3.21）所示，Linfoot 和 Hall[62]认为相干数是预计的输

出信号与实测的输出信号之间的比值。本文计算的相干数如下，

浮架升沉与波高的相干平方数：$\gamma_{\eta h}^2(f)$；

浮架纵荡与波高的相干平方数：$\gamma_{\eta s}^2(f)$；

锚绳张力与波高的相干平方数：$\gamma_{\eta t}^2(f)$。

如果相干数为0，表明输出信号与输入信号不相干；如果相干数为1，表明输出信号与输入信号完全相干；如果相干数在0～1，可能是由于以下的四种原因造成：

第一，测量的信号有外界噪声干扰；

第二，输出 $y(t)$ 是输入 $x(t)$ 与其他输入的综合输出；

第三，联系 $x(t)$ 和 $y(t)$ 的系统是非线性的；

第四，计算谱密度函数时的分辨率造成的误差。

3.3　动力响应分析

采用数值模拟和物理模型试验的方法分析了四点锚碇的单体网箱系统在规则波和不规则波作用下的动力响应，首先对物理模型试验的结果进行分析，之后利用物理模型试验的结果对数值模型进行验证。网箱及锚绳系统的模型布置图如图2.13所示，几何和材料参数见表3.1。

在时域与频域内，对网箱及其锚绳系统在规则波与不规则波浪作用下的浮架运动与锚绳张力进行分析。在时域内，采用统计学方法对动力响应进行分析，并将规则波与不规则波浪作用下的动力响应进行对比；在频域内，对于规则波浪作用下的动力响应，采用响应幅值算子 RAOs 进行分析，对于不规则波浪作用下的动力响应，采用线性传递函数进行分析，将规则波浪条件下的响应幅值算子 RAOs 与不规则波浪条件下的线性传递函数进行对比。

表 3.1　网箱模型的几何与材料参数

Tab. 3.1　The geometrical and material parameters of net cage model

构件	参数	数值
外浮管	直径(m)	1.382
	管径(m)	0.014
	材料	HDPE
内浮管	直径(m)	1.250
	管径(m)	0.014
	材料	HDPE
网衣	网目大小(m)	0.041
	目脚直径(m)	0.001
	材料	PE
沉子	沉子质量(g)	1.8
	个数	10
	总质量(g)	18.0
锚绳	长度(m)	1.657
	直径(m)	0.000 72
	密度(g/cm³)	1.14
	初始张力(N)*	1.913

＊.锚绳的初始张力通过缩短锚绳长度实现。

3.3.1　物理模型试验结果

模型试验中采集的网箱动力响应包括浮架运动及锚绳张力。浮架作为刚体,运动响应包括六个自由度,分别为纵荡(surge)、横荡(sway)、升沉(heave)、横摇(roll)、纵摇(pitch)和回转(yaw)。由于网箱及其四点锚碇系统是对称布置的,波浪由 x 方向入射,浮架的运动属于平面运动,在 y 方向的运动位移很小,试验中只测量了网箱在 $O\text{-}xz$ 平面的运动响应(升沉、纵荡和纵摇)。

物理模型试验的工况包括规则波浪和不规则波浪,根据试验水槽的造波能力,确定了模型试验采用的波浪工况,表 3.2 给出了物理模型试验中规则波浪的工况,在物理模型试验中,采集得到的规则波的波高和周期不可能完全与设计的波浪工况相同,存在细微的差别,本文对结果进行了修正。首先给出规则波浪条件下网箱及其锚绳系统动力响应的结果。在规则波浪条件下,分析了单纯浮架和整体网箱的浮架运动响应和锚绳张力响应,研究网衣对浮架运动的影响。

表 3.2 物理模型试验规则波浪参数

Tab. 3.2 Regular wave parameters for the physical model test

编号	1	2	3	4	5	6	7	8	9
周期 $T(s)$	1.0	1.2	1.4	1.0	1.2	1.4	1.0	1.2	1.4
波高 $H(cm)$	9	9	9	12	12	12	15	15	15

考虑网衣对浮架运动响应的影响,图 3.2 表示单纯浮架在规则波浪作用下示踪点的运动轨迹图,图 3.3 表示整体网箱在规则波浪作用下示踪点的运动轨迹图,单位为 mm。结果表明:网衣对于浮架运动轨迹有明显的影响;对于整体网箱,浮架前点的运动轨迹为一倾斜的椭圆,浮架后点的运动轨迹接近于一条直线;对于单纯浮架,浮架前点的运动轨迹接近于三角形,浮架后点的运动轨迹为较扁平的椭圆。

网衣不只影响浮架上示踪点运动轨迹的形状,还将影响示踪点的运动幅值。图 3.4 表示的是规则波浪下单纯浮架和整体网箱的示踪点的运动幅值。结果表明:长周期波浪条件下,网衣对浮架的水平运动影响较为明显,短周期波浪作用下,网衣对浮架的水平运动影响很小;与浮架的水平运动不同,网衣对浮架的垂直运动影响较小,网衣对浮架垂直运动的影响与波浪周期没有明显关系。

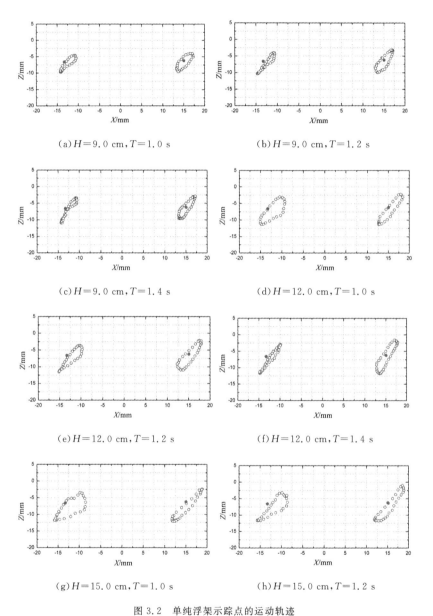

(a)$H=9.0$ cm,$T=1.0$ s

(b)$H=9.0$ cm,$T=1.2$ s

(c)$H=9.0$ cm,$T=1.4$ s

(d)$H=12.0$ cm,$T=1.0$ s

(e)$H=12.0$ cm,$T=1.2$ s

(f)$H=12.0$ cm,$T=1.4$ s

(g)$H=15.0$ cm,$T=1.0$ s

(h)$H=15.0$ cm,$T=1.2$ s

图 3.2　单纯浮架示踪点的运动轨迹

Fig. 3. 2　Motion trajectories of tracing points on pure floating collar

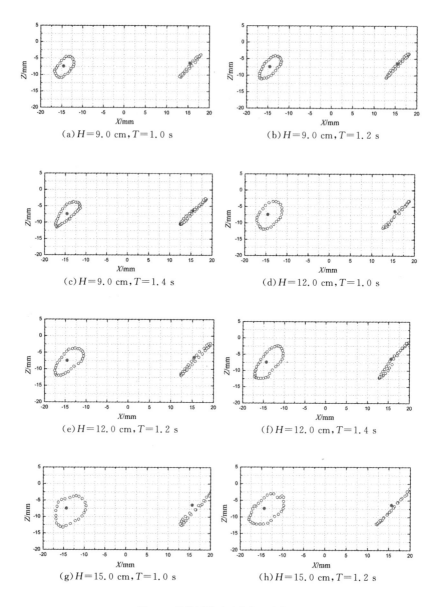

图 3.3　整体网箱示踪点的运动轨迹

Fig. 3. 3　Motion trajectories of tracing points on the whole net cage

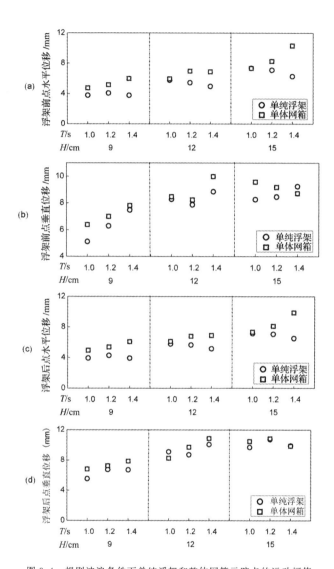

图 3.4　规则波浪条件下单纯浮架和整体网箱示踪点的运动幅值

Fig. 3. 4　Motion amplitude of the tracing points on the floating collar and the

whole net cage in regular waves

整体网箱的浮架运动幅值大于单纯浮架的运动幅值,网衣对于浮架运动的影响表现为外荷载,而不是阻尼,网衣的存在将增加浮架的运动。

锚绳张力是网箱设计的重要依据,物理模型试验分析了规则波浪作用下锚绳的张力。网箱受到的海洋环境荷载包括浮架和网衣分别受到的海洋环境荷载,最终都由锚绳的张力承担。图 3.5表示物理模型试验获得的单纯浮架和整体网箱在规则波浪作用下的锚绳最大张力。结果表明:波浪周期越短,单纯浮架与整体网箱的锚绳最大张力差别较小;单纯浮架与整体网箱的锚绳最大张力的差值随着波浪周期的增加而增加。结果也表明:网衣受到的波浪力随着波浪周期的增加而增加。上文对网箱运动的分析也有类似的结果,波浪周期越长,网衣对浮架水平运动的影响越显著,浮架的水平运动幅值也越大,锚绳的最大张力也越大。

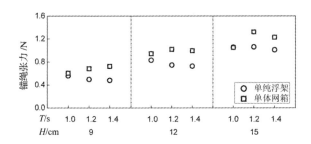

图 3.5 规则波浪条件下,单纯浮架和整体网箱的锚绳最大张力

Fig. 3.5 Maximum value of mooring line tension force for the pure floating collar and the whole net cage in regular waves

自然界中的海浪是一种非常复杂的过程,影响海浪的因素非常复杂,使得海浪成为一种高度不规则和不可重复的现象,海浪实

际上是一种随机波浪。按不规则波浪来研究海浪,能够正确地描述海浪,使得海岸工程和海洋工程的设计更加安全、经济、合理。本文利用物理模型试验分析了网箱及锚绳系统在不规则波浪作用下的水动力特性,并将不规则波浪的结果与规则波浪的结果进行了比较。

物理模型试验中,模拟的不规则波浪谱为 Jonswap 谱,输入的波浪参数为十分之一波高、有效周期,为了对规则波与不规则波浪的动力响应进行比较,不规则波浪的十分之一波高和有效周期与规则波的波高和周期相同,物理模型试验中输入的不规则波的波况如表 3.3 所示。

表 3.3 物理模型试验不规则波浪参数

Tab. 3.3 Parameters of random waves in the physical model test

编号	1	2	3	4	5	6	7	8	9
有效周期 T_s(s)	1.0	1.2	1.4	1.0	1.2	1.4	1.0	1.2	1.4
十分之一波高 $H_{1/10}$(cm)	9	9	9	12	12	12	15	15	15

图 3.6 表示物理模型试验获得的波面时间过程线,该波面时间过程线表示的是十分之一波高为 9 cm,有效周期为 1.0 s 的波浪。

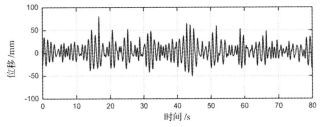

图 3.6 波面时间过程线

Fig. 3.6 Time histories of wave elevation

物理模型试验采集了不规则波浪作用下网箱的运动响应和锚绳的张力响应。图 3.7 表示浮架中心的垂直运动（升沉）以及水平运动（纵荡）时间过程线。图 3.8 表示物理模型试验获得的迎浪面锚绳张力的时间过程线。物理模型试验中获得的网箱及其锚绳系统在不规则波浪作用下的水动力响应将用于下文验证其数值模型。利用该数值模型得到的网箱及其网格式锚碇系统在不规则波浪作用下的锚绳张力时间过程线，能够进一步分析锚绳系统的疲劳破坏。将不规则波浪条件下的动力响应与规则波浪条件下的动力响应进行对比分析，可以为采用规则波浪进行网箱及其锚绳系统的设计提供参考。

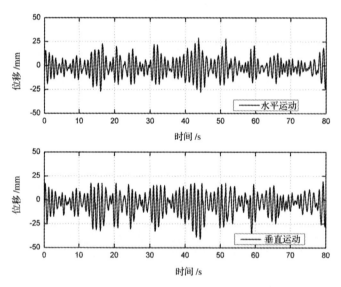

图 3.7　浮架中心的运动时间过程线

Fig. 3.7　Time histories of motion response for the center of floating collar

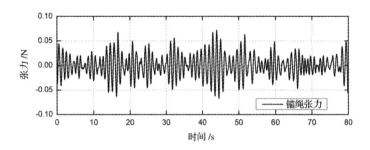

图 3.8 锚绳张力时间过程线

Fig. 3. 8 Time histories of the mooring line tension force

3.3.2 数值模型验证

为了验证网箱及其锚绳系统在不规则波浪作用下的数值模型,在时域和频域内将数值模拟的结果与物理模型试验的结果进行对比。

（1）时域分析

在时域内将数值模拟的结果与物理模型试验的结果进行对比,包括锚绳张力、浮架纵荡和升沉响应。图 3.9－图 3.11 表示物理模型试验和数值模拟获得的不规则波浪作用下波高、浮架纵荡和升沉运动响应以及迎浪面锚绳张力的时间过程线。

由于网箱及锚绳系统的各动力响应的时间过程线是平稳的随机过程,采用统计学的方法对该随机过程进行统计分析。应用统计学的方法,分析了不规则波浪作用下网箱及锚绳系统水动力响应的统计特征值。

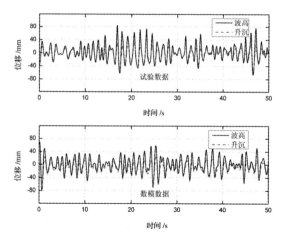

图 3.9　物理模型试验与数值模拟的波高及浮架升沉运动响应的
时间过程线($H_{1/10}$＝0.12 m,T_s＝1.2 s)

Fig. 3.9　The time histories of wave elevation and heave motion response of floating collar
from the numerical simulation and physical model tests (the average of top
one-tenth wave height $H_{1/10}$ is 0.12 m and significant wave period T_s is 1.2 s)

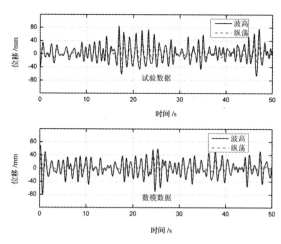

图 3.10　物理模型试验与数值模拟的波高及浮架纵荡运动响应的
时间过程线($H_{1/10}$＝0.12 m,T_s＝1.2 s)

Fig. 3.10　The time histories of wave elevation and surge motion response of floating
collar from the numerical simulation and physical model tests (the average of top
one-tenth wave height $H_{1/10}$ is 0.12 m and significant wave period T_s is 1.2 s)

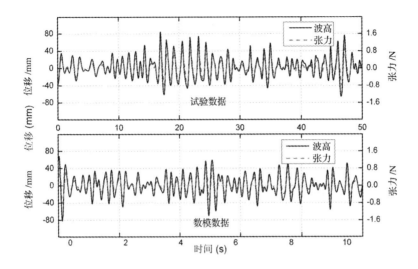

图 3.11　物理模型试验与数值模拟的波高及迎浪面锚绳张力的
时间过程线（$H_{1/10}=0.12$ m，$T_s=1.2$ s）

Fig. 3.11　The time histories of wave elevation and mooring line tension force from the
numerical simulation and physical model tests（the average of top one-tenth
wave height $H_{1/10}$ is 0.12 m and significant wave period T_s is 1.2 s）

在进行物理模型试验时，为了将不规则波浪条件下的动力响应与规则波浪条件下的动力响应进行对比，不规则波浪的十分之一大波波高与规则波波高相同，计算了不规则波浪条件下浮架纵荡和升沉运动响应与锚绳张力的最大十分之一峰值的平均值，与规则波浪条件下各动力响应的峰值进行了对比。

为了验证网箱在不规则波浪条件下的数值模型，将数值模拟的数据与物理模型试验的结果进行对比。由于网箱及锚绳的水动力响应是随机过程，对该随机过程的特征值进行比较，计算了锚绳张力、浮架纵荡和升沉运动响应的前十分之一峰值的平均值，将数值模拟和物理模型试验获得的上述统计特征值进行对比。

图 3.12 表示物理模型试验和数值模拟获得的锚绳张力前十分之一峰值的平均值,图 3.13 表示的是浮架纵荡运动响应前十分之一峰值的平均值,图 3.14 表示的是浮架升沉运动响应前十分之一峰值的平均值。结果表明:物理模型试验与数值模拟的锚绳张力的相对误差的平均值为 6.9%,纵荡运动相对误差的平均值为 9.9%,升沉运动相对误差的平均值为-4.2%。

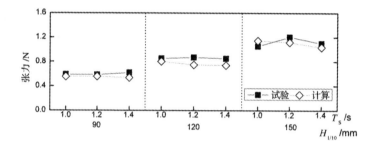

图 3.12 物理模型试验与数值模拟锚绳张力十分之一峰值的比较

Fig. 3.12 Comparison on the average of top one-tenth mooring line forces from numerical results and experimental data

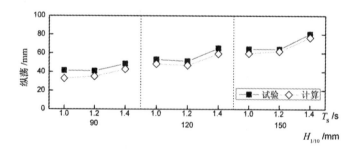

图 3.13 物理模型试验与数值模拟纵荡十分之一峰值的比较

Fig. 3.13 Comparison on the average of top one-tenth cage surge motions from numerical results and experimental data

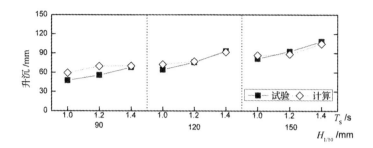

图 3.14 物理模型试验与数值模拟升沉十分之一峰值的比较

Fig. 3.14 Comparison on the average of top one-tenth cage heave motions from numerical results and experimental data

结果表明:本文给出的数学模型可以有效地模拟网箱及锚绳系统在不规则波浪作用下的浮架运动和锚绳张力响应。数值模拟结果与物理模型试验数据存在一定的差别,主要有以下几个方面的原因:首先,数值模型中采用的浮架模型是刚体模型,然而物理模型试验用到的浮架存在一定的弹性变形;其次,数值模型采用线性波浪理论对波浪进行模拟,而物理模型试验中的波浪存在一定的非线性,本文模拟不规则波浪时,只是对波浪谱进行模拟,数值模拟和物理模型试验获得的波面时间过程线不可能相同,物理模型试验和数值模拟得到的十分之一波高和有效周期也不是完全相同;最后,仪器的测量误差也造成了试验数据与数值模拟结果存在一定的差距。

(2)频域分析

在频域内,对数值模拟的结果和物理模型试验的数据进行了对比。如图 3.15 所示,通过对数值模拟和物理模型试验采集得到的波面时间过程线进行谱分析,计算了相应的波浪谱密度函数;类似地,图 3.16 给出了数值模拟和物理模型试验获得的锚绳张力的自谱密度函数。

结果表明:数值模拟和物理模型试验获得的波浪谱较为接近,区别主要在于物理模型试验获得的波浪谱具有次峰频率,数值模拟得到的波浪谱没有次峰频率。因为数值模拟中没有考虑波浪的非线性,而物理模型试验得到的波面具有非线性特性,但总体而言,两者差别较小。

图 3.16 表示的是数值模拟和物理模型试验获得的迎浪面锚绳张力的自谱密度函数,结果表明:数值模拟得到的锚绳张力自谱密度函数只有一个峰值,而物理模型试验获得的锚绳张力自谱密度函数存在高频的次峰,这一点与输入的波浪自谱密度函数类似,锚绳张力自谱密度函数的谱峰频率与波浪自谱密度函数的谱峰频率相同,物理模型试验得到的锚绳张力自谱密度函数的次峰频率与物理模型试验获得的波高自谱密度函数的次峰频率相同。可以认为,锚绳张力的自谱密度函数的次峰是由于波谱的次峰造成的,为了更好地模拟次峰频率,可以考虑采用非线性谱进行不规则波浪的数值模拟。

图 3.17 和图 3.18 分别给出的是物理模型试验和数值模拟获得的浮架纵荡和升沉运动响应的自谱密度函数。结果表明:浮架纵荡和升沉运动响应自谱密度函数的谱峰频率与波高自谱密度函数的谱峰频率相同。对于浮架纵荡自谱密度函数,数值模拟的自谱密度函数峰值比物理模型试验的自谱密度函数的峰值偏小;对于浮架升沉运动自谱密度函数,数值模拟的自谱密度函数峰值比物理模型试验的自谱密度函数的峰值偏大。

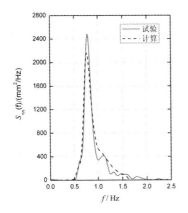

图 3.15　物理模型试验与数值模拟的波
　　　　浪谱($H_{1/10}=0.12$ m，$T_s=1.2$ s)

Fig. 3.15　The wave spectra of the numerical
　　　　simulation and physicalmodel test，
　　　　($H_{1/10}=0.12$ m，$T_s=1.2$ s)

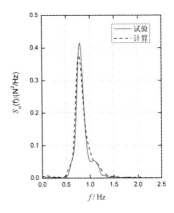

图 3.16　物理模型试验与数值模拟
　　　　的锚绳张力自谱密度函数

Fig. 3.16　The mooring line tension auto-
　　　　spectra of the numerical simulation
　　　　and physical model test

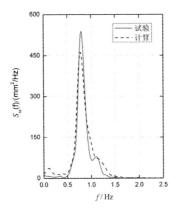

图 3.17　物理模型试验与数值模拟
　　　　浮架纵荡自谱密度函数

Fig. 3.17　The surge motion auto-spectra
　　　　of the numerical simulation and
　　　　physical model test

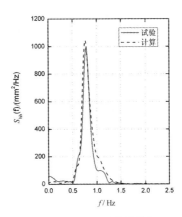

图 3.18　物理模型试验与数值模拟
　　　　浮架升沉自谱密度函数

Fig. 3.18　The heave motion auto-spectra
　　　　of the numerical simulation and
　　　　physical model test

利用上述波高、浮架纵荡、升沉运动响应和锚绳张力的自谱密度函数,计算不规则波浪条件下浮架纵荡、升沉运动和锚绳受力的线性传递函数。图 3.19 表示迎浪面锚绳张力的线性传递函数,图中的离散点表示的是规则波浪条件下,迎浪面锚绳张力的响应振幅算子。为了将不规则波浪与规则波浪的结果进行对比,在频域内,将不规则波浪条件下的线性传递函数与规则波浪条件下的响应振幅算子进行比较。结果表明:物理模型试验和数值模拟获得的锚绳张力传递函数吻合较好;随着波浪频率的增加,锚绳张力幅值逐渐减小;规则波浪条件下的振幅响应算子与不规则波浪条件下线性传递函数也较为接近。

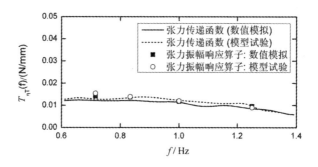

图 3.19　物理模拟和数值模拟的锚绳张力传递函数

Fig. 3.19　Transfer function of mooring line tensions from the
numerical simulation and physical model tests

图 3.20 和图 3.21 给出了浮架纵荡和升沉运动响应的线性传递函数。与锚绳张力线性传递函数类似,浮架纵荡和升沉运动响应的传递函数随着波浪频率的增加而减小,这也意味着浮架纵荡和升沉运动响应幅值随着波浪频率的增加而减小。

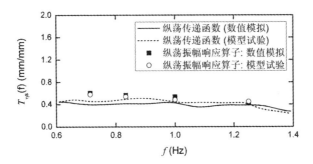

图 3.20　物理模拟和数值模拟的浮架纵荡运动响应传递函数

Fig. 3. 20　Transfer function of surge motion of floating collar from the numerical simulation and physical model tests

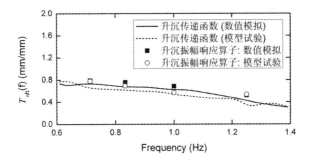

图 3.21　物理模拟和数值模拟的浮架升沉运动响应传递函数

Fig. 3. 21　Transfer function of heave motion of floating collar from the numerical simulation and physical model tests

　　结果表明,网箱系统具有高阻尼特性,在高频区,浮架的升沉运动响应较小,随着波浪频率的减小,浮架的升沉运动线性传递函数接近于 1。在低频波浪作用下,浮架的升沉运动响应幅值接近于输入的波浪幅值(波高)。

分析了网箱和锚绳系统的动力响应与波高之间的相位差。由于物理模型试验中采用相对独立的光学系统和电子系统分别采集浮架运动的时间过程线和锚绳张力的时间过程线,两个采集系统很难做到同步。因此,只采用数值模拟的结果分析浮架运动和锚绳张力响应与波高之间的相位差。

利用公式(3.14),基于数值模拟的结果计算获得的浮架纵荡、升沉运动、锚绳张力和波高之间的相位差如图 3.22－图 3.24 所示。结果表明:在波浪的谱峰频率 0.8 Hz 处,锚绳张力与波高之间的相位差为 11°,浮架纵荡运动与波高之间的相位差为 25°,浮架升沉运动与波高之间的相位差为 2°;浮架的升沉运动与波高几乎是同步的,在低频时,浮架垂荡运动的线性传递函数接近 1,浮架的升沉运动与波面的运动几乎是相同的;总体而言,网箱及锚绳系统水动力响应与波高之间的相位差受波浪频率的影响较小。

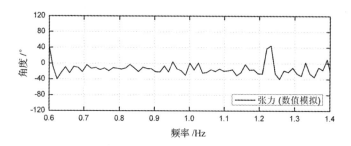

图 3.22　波高与锚绳张力之间的相位角

Fig. 3.22　Phase angle between the wave elevation and mooring line tension force

对随机过程进行分析时,式(3.21)给出了重要参数相干数的计算式。Charkrabarti[124] 的研究结果表明:当相干数大于 0.77 时,将系统作为线性系统进行分析是可行的。图 3.25－图 3.27 分

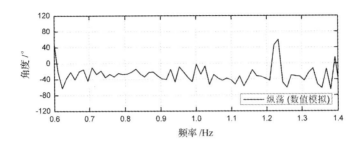

图 3.23　波高与浮架纵荡运动的相位角

Fig. 3.23　Phase angle between the wave elevation

and surge motion of floating collar

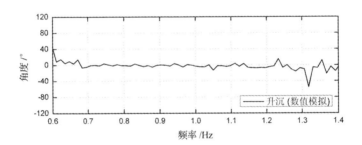

图 3.24　波高与浮架升沉运动的相位角

Fig. 3.24　Phase angle between the wave elevation

and heave motion of floating collar

别表示锚绳张力、浮架纵荡和升沉运动响应的相干数。结果表明：在整个波浪的频率范围内，锚绳张力、浮架纵荡和升沉运动响应的相干数接近于1，将网箱和锚绳系统作为线性系统进行分析是合适的。

综上所述，该数值模型能够较好地模拟网箱及其锚绳系统在规则波浪和不规则波浪条件下的动力响应。

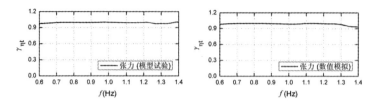

图 3.25 锚绳张力与波高之间的相干数

Fig. 3.25 Coherency number between the wave elevation
and mooring line tension force

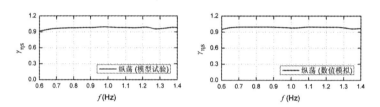

图 3.26 浮架纵荡运动与波高之间的相干数

Fig. 3.26 Coherency number between the wave elevation
and surge motion of floating collar

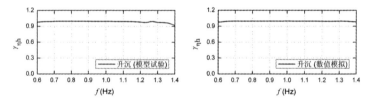

图 3.27 浮架升沉运动与波高之间的相干数

Fig. 3.27 Coherency number between the wave elevation
and heave motion of floating collar

3.3.3 规则波浪与不规则波浪条件下动力响应的比较

对于海洋工程结构物,通常采用设计波的方法进行设计。实际上,海洋的波浪为不规则波浪,网箱结构将受到不规则波浪的作用,为了能够采用设计波的方法对网箱进行设计,需要开展规则波浪和不规则波条件下网箱和锚绳系统的动力响应分析。

为了方便将不规则波浪和规则波浪条件下的水动力响应进行对比,规则波浪的波高取为不规则波浪的十分之一大波,规则波浪的周期取为不规则波浪的有效周期,即规则波浪的波高为 0.12 m,周期为 1.2 s,不规则波浪的十分之一大波 $H_{1/10}$ 为 0.12 m,有效周期 T_s 为 1.2 s。采用计算十分之一大波类似的方法,将网箱和锚绳系统的动力响应进行排序,取最大的十分之一水动力响应幅值的平均值;首先计算得到锚绳张力的峰值,之后将峰值进行排序,得到最大的十分之一张力峰值的平均值 $T_{1/10}$,最大的十分之一纵荡响应的平均值 $S_{1/10}$,最大的十分之一升沉响应的平均值 $H_{1/10}$。

图 3.28 表示采用数值模拟得到的规则波浪与不规则波浪条件下的波面和锚绳张力时间过程线。规则波浪条件下锚绳张力的最大值为 0.94 N,不规则波浪条件下锚绳张力的最大值为 1.01 N,为规则波浪条件下的锚绳张力最大值的 1.08 倍。利用设计波的方法设计网箱时,可以采用一个安全因子考虑不规则波浪的影响。不规则波浪条件下锚绳最大的十分之一张力峰值 $T_{1/10}$ 为 0.87 N,小于规则波浪条件下的锚绳张力峰值。不规则波浪条件下,在 80 s时间内锚绳张力的周期数为 69,在规则波浪条件下,锚绳张力的周期数为 66,单从锚绳张力循环数而言,不规则波浪条件下,锚绳的疲劳寿命会短于规则波浪条件下的锚绳疲劳寿命,进一步分析网

箱锚绳系统的疲劳寿命,可以采用 σ-N 曲线及 Miner-Palmgren 理论进行分析。

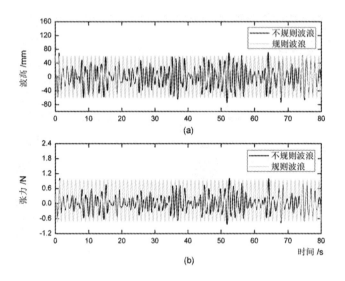

图 3.28　规则波浪与不规则波浪条件下锚绳张力的比较

Fig. 3.28　Comparisons of mooring line tensions

between regular waves and irregular waves

　　图 3.29 表示的是规则波浪与不规则波浪条件下浮架的纵荡和升沉运动的时间过程线。规则波浪条件下,浮架纵荡运动的平均值为 63 mm,升沉运动的平均值为 91 mm;不规则波浪条件下,浮架纵荡运动 $S_{1/10}$ 为 56 mm,升沉运动 $H_{1/10}$ 为 92 mm。总体而言,不规则波浪条件下浮架的纵荡运动比规则波浪条件下浮架的纵荡运动小;不规则波浪条件下,浮架升沉运动的最大值大于规则波浪作用下浮架的升沉运动最大值,但是不规则波浪条件下升沉

运动的 $H_{1/10}$ 与规则波浪条件下升沉运动的平均值是非常接近的，这与输入的规则波浪的波高和不规则波浪的波高有着相同的关系。

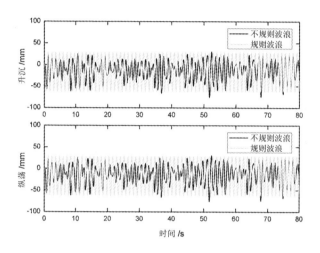

图 3.29 规则波浪与不规则波浪条件下的浮架运动的比较

Fig. 3.29 Comparisons of floating collar motion responses

between regular waves and irregular waves

图 3.30 表示的是数值模拟获得的规则波浪与不规则波浪条件下网箱体积折减系数。规则波浪条件下，网箱体积折减系数的平均值为 35%，最大值为 39.1%；不规则波浪作用下，网箱体积折减系数的平均值为 33.8%，最大值为 44.1%。总体而言，两者的网箱体积折减系数的平均值相差不大，但是不规则波浪条件下，网箱体积折减系数的最大值大于规则波浪条件下的网箱体积折减系数的最大值。不规则波浪条件下网箱的变形更为严重，能够提供的

有效养殖体积比规则波浪条件下稍微少一些,在设计网箱的养殖容量时,需要酌情考虑。

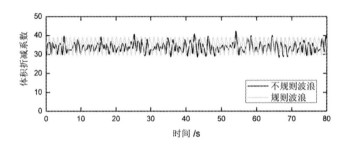

图 3.30　规则波浪与不规则波浪条件下的网箱体积折减系数的比较

Fig. 3.30　Comparisons of volume reduction coefficient of net cage

between regular waves and irregular waves

3.4　锚绳疲劳分析

在水产养殖业,锚绳系统具有非常重要的作用。在重复荷载作用下,锚绳发生的疲劳断裂是突然的、不可预测的,引起的破坏也是致命的。轴向张拉荷载、蠕变、迟滞和内部摩擦都会影响纤维绳的疲劳性能和耐久性,前人也开展一些相关的研究工作。Williams[125]通过试验研究了纤维锚绳的疲劳损伤和寿命。Gao[126]提出了一种有效的频域分析方法分析了锚链的疲劳特性,并利用雨流计数法对该分析方法进行了验证。Low[127]采用时频混合理论分析了锚绳的疲劳,利用该方法计算得到的疲劳损伤与采用雨流计数法得到的疲劳损伤基本相同。尽管前人开展了一些疲劳损伤的分析,但是对于深水网箱的锚绳疲劳分析还有大量的工作要做,基于前人的研究,本节采用统计学方法对锚绳应力范围进行分析,对锚绳的疲劳分析是基于上述网箱及其锚绳系统在不规则波浪作用下的数值模型。在时域和频域内分别采用雨流计数法和谱分析的方法对锚绳的疲劳破坏进行了分析,研究了采用简化方法对锚绳疲劳进行分析的可行性。

分析了如图 3.31 所示的单体网箱及其网格式锚碇系统的锚固锚绳的疲劳特性。浮架和锚绳系统的几何和材料参数参见表 3.4。网衣材料为聚乙烯,密度为 953 kg/m³。沿圆周方向有 1 800 目,沿水深方向有 240 目,为无结节网衣,网目大小为 46.8 mm,目脚直径为 1.44 mm。采用菱形装配,网衣围成的圆柱高 9 m,直径15.92 m。配重系统采用 10 个球形沉子,直径为 40 cm,每个沉子的质量为 34.5 kg。

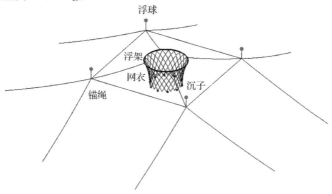

图 3.31 单体网箱及其网格式锚碇系统

Fig. 3.31 Schematic diagram of single net cage and grid mooring system

表 3.4　浮架和锚绳系统的几何和材料参数

Tab. 3.4　Geometrical and material parameters of floating collar and mooring system

构件	参数	值
外浮管	标称直径(m)	16.92
	管径(mm)	250
	密度(kg/m)	11.36
	材料	HDPE
内浮管	标称直径(m)	15.92
	管径(mm)	250
	密度(g/m)	11.36
	材料	HDPE
锚绳	直径(cm)	1.44
	密度(g/cm³)	1.14
	材料	PE

　　表 3.5 表示网箱布置海域的波况频度分布。将长期的海洋环境条件离散成一系列的短期海况,采用短期海况对网箱的动力响应进行计算,长期海况由 38 个短期海况构成。H_s 表示有效波高,T_s 表示有效周期,p 表示短期波况发生的概率。

表 3.5 波况频度分布表

Tab. 3.5 A wave scatter diagram

No.	H_s(m)	T_s(s)	p(%)	No.	H_s(m)	T_s(s)	p(%)
1	0.53	4	1.2	20	3.54	7	1.9
2	0.83	4	1.0	21	1.71	8	3.5
3	1.22	4	0.8	22	2.26	8	3.8
4	1.71	4	0.3	23	2.85	8	2.7
5	0.83	5	4.7	24	3.54	8	2.4
6	1.22	5	4.9	25	0.83	9	0.6
7	1.71	5	3.1	26	1.22	9	1.1
8	2.26	5	1.9	27	1.71	9	1.2
9	2.85	5	1.2	28	2.26	9	1.4
10	0.83	6	6.5	29	2.85	9	1.2
11	1.22	6	8.8	30	3.54	9	1.0
12	1.71	6	7.1	31	0.83	10	0.2
13	2.26	6	4.7	32	1.22	10	0.3
14	2.85	6	2.5	33	1.71	10	0.3
15	0.83	7	4.4	34	2.26	10	0.5
16	1.22	7	6.8	35	2.85	10	0.4
17	1.71	7	7.0	36	3.54	10	0.4
18	2.26	7	5.7	37	2.85	11	0.3
19	2.85	7	4.0	38	3.54	11	0.2

3.4.1 锚绳疲劳分析方法

(1)σ-N 曲线和 Miner-Palmgren 累计损伤原理

锚绳是复杂的结构,尤其是从疲劳损伤的角度来看。在周期性荷载作用下,锚绳将发生疲劳破坏。疲劳破坏可以采用断裂力学法或者 σ-N 曲线方法进行分析。本文采用 σ-N 曲线法研究了锚绳的疲劳性能/寿命,σ-N 曲线由常幅值荷载条件下实验室测量的数据确定。

σ-N 曲线法需要下述信息计算锚绳疲劳损伤：有效应力范围
σ-N曲线和疲劳累计损伤理论。由于锚绳应力的随机性，采用计数
法分析了锚绳应力范围的分布情况。ASTM[128]介绍了穿级计数
法(Level Crossing Counting Method)、峰值计数法(Peak Counting
Method)和雨流计数法(Rainflow Counting Method)，雨流计数法
被认为是最准确的方法。

图 3.32 表示可用的纤维绳疲劳破坏的相关数据(Mandell[129])，图
中符号表示的意义参见表 3.6。纤维绳的疲劳破坏通常由张拉疲
劳、蠕变断裂、磁滞热和轴向压缩引起的。根据 Berryman[130] 的研
究，对于海洋纤维锚绳，蠕变断裂、磁滞热和轴向压缩引起的疲劳
损伤较小，只需要考虑波浪作用下锚绳张力周期性变化引起的疲
劳损伤。蠕变断裂通常发生在锚绳荷载大于锚绳破断强度的 60%
$\sim 70\%$ 情况下，美国海军土木工程实验室的测试结果表明 PE 锚绳
具有良好的抗磨损性能。

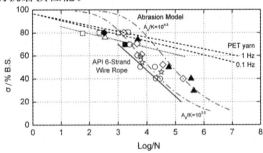

图 3.32　纤维绳疲劳损伤 σ-N 曲线

Fig. 3.32　The σ-N curve for fatigue damage of fiber rope

表 3.6 图 3.32 中各个符号表示的意义

Tab. 3.6 Identification of symbols in Fig. 3.32

No.	符号	构造	直径(mm)
1	……	3ST	18
2	△	DB	18
3	○	DB	24
4	▲	DB	24
5	■	DB	24
6	□	8ST	40
7	◆	DB	61
8	◇	DB	64
9	☆	8ST	81

ST:捻绳;DB:编织绳。

$\sigma\text{-}N$ 曲线通常采用的形式为

$$N\left(\frac{\sigma}{\sigma_{\text{ref}}}\right)^{m} = K \tag{3.49}$$

其中,N 表示应力范围 σ 条件下发生失效破坏的周期数,σ_{ref} 表示标称破断应力。参见 Barltrop[131],$m = 4.09$,$K = 10^{(3.20-2.79Lm)}$,Lm 表示锚绳平均应力与破断强度的比值。

锚绳的疲劳破坏需要考虑每一个循环应力引起的疲劳损伤,确定在一段时间内的循环荷载作用下疲劳损伤是否导致锚绳的断裂。本文采用 Miner-Palmgren 理论计算锚绳在复杂荷载作用下的疲劳寿命。

几乎所有的疲劳分析是基于常幅值荷载条件下的数据,然而,实际的应力范围是变化的。采用 Miner-Palmgren 理论分析锚绳在所有应力作用下的损伤,累计计算每一个短期海况引起的疲劳损

伤,可以获得长期海况作用下锚绳的疲劳损伤。在时间 τ 内第 j 个海况作用下的疲劳损伤为

$$D_j = \sum_{i=1}^{N(\tau)} \frac{1}{N_i(\sigma_{ij})} = \sum_{i=1}^{N(\tau)} \frac{n_{ij}}{K} \left(\frac{\sigma_{ij}}{\sigma_{ref}} \right)^m \qquad (3.50)$$

其中,$N(\tau)$ 表示时间 τ 内第 j 个海况的应力循环总数,n_{ij} 为应力范围 σ_{ij} 的循环数,$N_i(\sigma_{ij})$ 为应力范围 σ_{ij} 条件下锚绳发生断裂的周期数。

假定疲劳累计损伤 D_j 与应力循环发生的顺序无关,时间 τ 内所有海况引起的疲劳累计损伤为

$$D = \sum_{j=1}^{count} D_j p_j \qquad (3.51)$$

其中,D_j 是第 j 个海况引起的疲劳损伤,p_j 是第 j 个海况的发生概率,$count$ 是短期海况总数。

(2)谱分析的方法

疲劳损伤能够在时域和频域内进行分析。在时域内采用雨流计数法能够准确地估计锚绳的疲劳破坏,然而,时域内的分析是非常耗时的。在频域内,采用谱分析的方法计算疲劳寿命能够减少计算时间。

锚绳张力响应包括高频分量和低频分量,高频分量由一阶波浪力引起的,低频分量是由慢漂力导致的。基于窄带假定,低频区应力范围的均方根和跨零周期分别为

$$\sigma_{lf} = \sqrt{\int_0^{f_{low}} S(f) \mathrm{d} f} \qquad (3.52)$$

$$T_{z,lf} = \frac{\sigma_{lf}}{\sqrt{\int_0^{f_{low}} S(f) \times f^2 \mathrm{d} f}} \qquad (3.53)$$

$$D_{lf} = \frac{T_L}{K \times T_{z,lowf}} \left(2\sqrt{2}\,\frac{\sigma_{lf}}{\sigma_{ref}}\right)^m \Gamma\left(1 + \frac{m}{2}\right) \tag{3.54}$$

其中,σ_{lf} 为低频区应力范围的均方根,$S(f)$ 是应力谱,f 是频率,f_{low} 是低频区应力的上限频率,$T_{z,lf}$ 是低频区应力的跨零周期,D_{lf} 是低频应力导致的疲劳破坏。类似地,可以计算高频应力引起的疲劳损伤。

(3)简化的疲劳分析法

利用应力范围 σ 的 Weibull 分布描述锚绳的重复性荷载(Almar-Naess[132]),基于 Weibull 分布,采用简化疲劳分析的方法计算锚绳的疲劳损伤(Almar-Naess 和 Moan[133])。应力范围 σ 采用如下的 Weibull 分布为

$$n(\sigma) = n_0 f(\sigma) = n_0 \{(\nu/\lambda)(\sigma/\lambda)^{\nu-1} \exp[-(\sigma/\lambda)^\nu]\} \tag{3.55}$$

其中,n_0 表示应力范围 σ 的总循环数,$\lambda = \sigma_0/(\ln n_0)^{1/\nu}$,是尺度参数,$\nu$ 是形状参数,σ_0 是最大应力范围。

时间 τ 内 n_τ 个应力循环导致的疲劳损伤可以采用下式进行计算:

$$D = \sum_i \frac{n(\sigma_i)}{N(\sigma_i)} = \int_0^\infty \frac{1}{K} n(\sigma)(\sigma/\sigma_{ref})^m d\sigma = \frac{n_\tau}{K} \left[\frac{(\sigma_0/\sigma_{ref})^\nu}{\ln n_0}\right]^{m/\nu} \Gamma(m/\nu + 1)$$

$$\tag{3.56}$$

3.4.2　应力范围分布

图 3.33 表示上游锚固锚绳的张力时间过程线($H_s = 1.71$ m,$T_s = 4$ s)。结果表明:锚绳张力是窄带分布。考虑了三种采样时间长度(1 h,5 h 和 10 h),采用概率纸评估锚绳张力是否符合特定的分布。

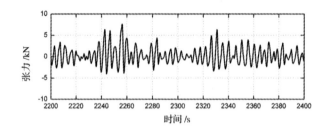

图 3.33　锚绳张力时间过程线（$H_s = 1.71$ m,$T_s = 4$ s）

Fig. 3.33　Time histories of mooring line tension forces($H_s = 1.71$ m,$T_s = 4$ s)

　　三种采样长度(1 h，5 h 和 10 h)应力范围的 Weibull 概率值如图 3.34 所示。结果表明:应力范围分布服从 Weibull 分布,最小应力范围的发生概率低于理论值,增加采样长度会获得更小的锚绳应力范围。

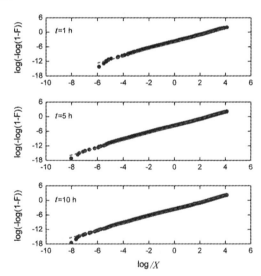

图 3.34　三种分析时长条件下,锚绳应力范围的 Weibull 分布

Fig. 3.34　Weibull plots of the stress range histories for three different analysis durations

图 3.35 表示锚绳应力范围的直方曲线及相应的疲劳损伤曲线。产生最大的疲劳损伤应力范围为 σ_p 与 $f(\sigma)\sigma_m$ 成正比,应力范围 $\sigma_p = \sigma_0 [(m+\nu-1)/(\nu\ln n_0)]^{1/\nu}$,$\sigma_p = 54$ Mpa,接近于图 3.35 显示的 55 Mpa。对于较低的应力范围,疲劳损伤曲线非常光滑;对于较高的应力范围,疲劳损伤曲线变得不光滑,出现较多锯齿。在较高的应力范围,出现较多的锯齿是因为采样数不够多,随着采样时间的增加,损伤曲线变得越来越光滑。从式(3.49)可以看出,疲劳损伤与应力范围的 m 次方成正比,对于 PE 绳,m 取值为 4.09。因此,疲劳损伤曲线的粗糙度大于应力范围分布直方曲线。

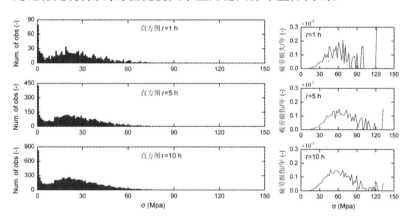

图 3.35 应力范围的分布直方曲线和疲劳损伤

Fig. 3.35 Histogram and damage plot for mooring line stress range

结果表明:随着采样时间的增加,损伤曲线的锯齿能够明显减小;当采样时间足够长,损伤曲线能够收敛至一条光滑的曲线。表 3.7 表示三种采样长度(1 h,5 h 和 10 h)应力范围的统计特性。结果显示:采用雨流计数法得到的总的年疲劳损伤分别为 7.9×

10^{-3}，7.4×10^{-3} 和 7.6×10^{-3}，当锚绳应力采样时间为 1 h 时，疲劳损伤曲线出现大量的锯齿，但是疲劳累计损伤却较为稳定；基于 1 h 采样时间的疲劳损伤曲线，也能够获得合理的锚绳疲劳损伤结果。

　　估计锚绳应力范围 Weibull 分布的尺度参数 λ 和形状参数 ν 对于简化的疲劳分析方法的应用非常重要。如表 3.7 所示，采用最大似然法计算了尺度参数 λ 和形状参数 ν。三种采样长度条件下的尺度参数 λ、形状参数 ν 和最大应力范围 $\sigma_{0,rf}$（采用雨流计数法得到的应力范围）无明显差别，1 h 的采样长度进行疲劳分析是可行的。

表 3.7　不同采样长度条件下，应力范围的统计特性

Tab. 3.7　**The statistical properties of the stress range for different sample duration**

No.	t(h)	$D_{rf}(-)$	$\sigma_{0,rf}$(Mpa)	$\lambda(-)$	$\nu(-)$
1	1	0.007 9	121.8	25.513	1.117
2	5	0.007 4	131.8	25.311	1.099
3	10	0.007 6	132.5	25.462	1.112

3.4.3　高频和低频响应引起的疲劳损伤

　　在波浪作用下，锚绳的动力响应包括波频分量（WF）和低频分量（LF）。图 3.36 表示波浪谱密度函数和锚绳应力谱密度函数。模拟的波浪谱为单峰谱，锚绳应力谱为多峰谱。基于窄带谱的假定，分析了低频和波频应力范围引起的锚绳疲劳损伤。

　　表 3.8 和表 3.9 表示不同波浪周期和波高条件下，低频和波频应力范围引起的疲劳损伤。总体而言，低频应力范围引起的疲劳损伤明显小于波频应力范围引起的疲劳损伤。低频应力响应引起的疲劳损伤随着波高的增加而增加。

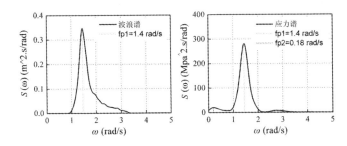

图 3.36 波高谱密度函数和锚绳应力谱密度函数

Fig. 3.36 Spectrum density function of wave elevation and mooring line stress

分别采用谱分析的方法和雨流计数法计算锚绳的疲劳损伤，计算了$(D_{lf}+D_{wf})/D_{rf}$比值，其中，D_{lf}表示低频应力响应引起的疲劳损伤，D_{wf}表示波频应力响应引起的疲劳损伤，D_{rf}表示采用雨流计数法计算的锚绳疲劳损伤。

表 3.8 不同波浪周期条件下，低频和波频应力范围引起的疲劳损伤

Tab. 3.8 Fatigue damage due to wave freguency and low frequency stress range for different wave periods

H_s (m)	T_s (s)	σ_{lf} (Mpa)	$T_{z,lf}$ (s)	σ_{wf} (Mpa)	$T_{z,wf}$ (s)	D_{rf}	D_{lf}/D_{rf} (%)	D_{wf}/D_{rf} (%)	$(D_{lf}+D_{wf})/D_{rf}$ (%)
1.71	4	3.32	15.3	11.7	3.96	0.007 89	0.14	89.2	89.34
1.71	5	2.32	15.7	12.7	4.95	0.008 03	0.03	96.7	96.72
1.71	6	1.61	21.2	13.1	5.71	0.008 45	0.005	93.04	93.05
1.71	7	1.25	25.3	13.6	6.45	0.008 22	0.001 4	96.10	96.11
1.71	8	1.07	29.9	13.7	7.16	0.008 18	0.000 6	92.98	92.98
2.85	5	10.91	16.97	25.64	5.00	0.182 35	0.67	75.2	75.9
2.85	6	7.22	21.37	26.12	5.78	0.161 58	0.11	79.3	79.4
2.85	7	5.66	23.19	27.32	6.53	0.154 80	0.04	88	88.1
2.85	8	4.59	29.67	27.84	7.27	0.157 29	0.01	84	84.0
2.85	9	3.09	38.37	27.81	8.09	0.134 17	0.002	88.2	88.2

表 3.9　不同波高条件下,低频和波频应力范围引起的疲劳损伤

Tab. 3.9　Fatigue damage due to wave-frequency and low-frequency stress range for different wave heights

H_s (m)	T_s (s)	σ_{lf} (Mpa)	$T_{z,lf}$ (s)	σ_{wf} (Mpa)	$T_{z,wf}$ (s)	D_{rf}	D_{lf}/D_{rf} (%)	D_{wf}/D_{rf} (%)	$(D_{lf}+D_{wf})/D_{rf}$ (%)
0.53	4	0.27	10.9	2.74	3.89	0.000 02	0.003	99.99	100
0.83	4	0.53	12.55	4.6	3.99	0.000 15	0.005	99.99	100
1.22	4	1.24	13.77	7.46	3.99	0.001 14	0.018	97.56	97.58
1.71	4	3.32	15.3	11.7	3.96	0.007 89	0.14	89.2	89.34
1.71	8	1.07	29.9	13.7	7.16	0.008 18	0.000 6	92.98	92.98
2.26	8	2.33	29.0	20.1	7.21	0.040 02	0.003	88.24	88.25
2.85	8	4.59	29.7	27.8	7.27	0.157 85	0.013	83.72	83.73
3.54	8	8.95	30.2	38.0	7.34	0.590 95	0.05	79.17	79.22

　　结果表明:$(D_{lf}+D_{wf})/D_{rf}$ 比值随着波高的增加而减小,当波高较小时,$(D_{lf}+D_{wf})/D_{rf}$ 比值接近于 1;该比值与波浪周期无明显关系。波高较小时,低频和高频应力响应引起的疲劳损伤之和 $D_{lf}+D_{wf}$ 等于采用雨流计数法得到的疲劳损伤 D_{rf};波高较大时,锚绳疲劳损伤将被低估 10% ～ 30%,采用谱分析的方法偏危险。可能是由于波高的增加将增加波浪的非线性,采用谱分析的方法计算锚绳的疲劳损伤变得不准确。

　　开展了锚绳疲劳损伤对波浪周期和波高的敏感性分析。对于波高为 1.71 m 的波浪,不同的波浪周期条件下,锚绳的疲劳寿命分别为 127,125,118,122 和 122 年。对于周期为 8 s 的波浪,不同波高条件下,锚绳的疲劳寿命分别为 122,25,6 和 2 年。锚绳疲劳损伤对于波高的敏感性高于周期的敏感性;在制作波高频度分布图时,波高的细分比周期的细分更加重要。

3.4.4 简化的疲劳分析方法适用性

基于采样时间为 10 h 锚绳应力历程线,估算了锚绳应力范围概率分布的形状参数 ν 和尺度参数 λ。图 3.37 表示锚绳应力范围的频率分布直方曲线和 Weibull 概率拟合曲线。上半部分包括整个应力范围,为了使结果更加清晰,下半部分只显示较高的应力范围的频率分布。结果表明:Weibull 概率拟合曲线低估了 15～60 Mpa 区间范围内的频率分布,高估了 15 Mpa 以下和 60 Mpa 以上应力范围区间的频率分布。

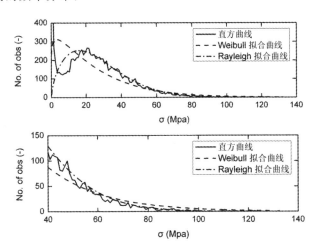

图 3.37   应力范围的分布曲线

Fig. 3.37   The distribution curve of the stress range

基于 Weibull 分布的形状参数和尺度参数,表 3.10 给出了利用简化的疲劳分析方法计算得到的疲劳损伤 D_w 和最大应力范围 $\sigma_{0,w}$。Weibull 分布的形状参数通常在 0.8～1.2。基于 Weibull 分布的形状参数和尺度参数,简化的疲劳分析方法高估了锚绳的疲劳损伤和最大应力范围。

表 3.10 10 h 采样长度条件下,锚绳应力范围的 Weibull 和 Rayleigh 分布参数

Tab. 3.10 Parameters of Weibull distribution and Rayleigh distribution of the stress range resulting from 10 hours analysis

SC	$\sigma_{0,w}$	$\sigma_{0,w}/\sigma_{0,rf}$	D_w	D_w/D_{rf}	$\sigma_{0,R}$	$\sigma_{0,R}/\sigma_{0,rf}$	D_R	D_R/D_{rf}	λ_w	ν_w	λ_R
1	48.0	2.2	0.000 1	8.1	21.0	0.98	0.000 02	1.3	4.70	0.84	7.70
2	70.0	1.9	0.000 8	4.9	35.0	0.94	0.000 1	1.2	9.20	0.96	13.1
3	103	1.6	0.004 2	3.7	56.0	0.85	0.001 2	1.1	15.9	1.04	21.2
4	143	1.2	0.018 3	2.3	88.0	0.73	0.008 2	1.0	25.5	1.12	33.6
5	71.0	1.9	0.000 8	4.3	37.0	0.99	0.000 3	1.2	10.1	0.98	14.4
6	103	1.7	0.004 0	3.1	61.0	0.98	0.001 5	1.2	17.0	1.06	23.3
7	159	1.6	0.023 5	2.9	94.0	0.97	0.009 4	1.2	26.5	1.07	36.2
8	211	1.4	0.084 5	2.1	138	0.91	0.044 4	1.1	40.1	1.15	53.4
9	326	1.4	0.321 2	1.8	257	1.09	0.194 5	1.1	56.3	1.15	77.0
10	71.0	1.8	0.000 7	3.5	50.0	1.27	0.000 3	1.2	11.2	1.05	15.2
11	114	1.8	0.005 0	3.6	81.0	1.26	0.001 7	1.2	17.8	1.03	24.5
12	174	1.7	0.027 0	3.2	125	1.25	0.010 0	1.2	27.4	1.04	38.0
13	248	1.6	0.112 0	2.8	183	1.20	0.046 4	1.1	40.0	1.06	55.5
14	342	1.5	0.413 0	2.6	256	1.10	0.182 5	1.1	55.0	1.06	77.81
15	83.0	1.4	0.001 2	1.8	64.0	1.00	0.000 7	1.0	15.2	1.25	18.84
16	119	1.7	0.013 6	10.	83.0	1.20	0.001 9	1.4	14.3	0.80	25.2
17	182	1.7	0.061 8	7.6	129	1.20	0.011 2	1.4	23.2	0.84	39.2

（续表）

SC	$\sigma_{0,w}$	$\sigma_{0,w}$ $/\sigma_{0,rf}$	D_w	D_w/D_{rf}	$\sigma_{0,R}$	$\sigma_{0,R}$ $/\sigma_{0,rf}$	D_R	D_R $/D_{rf}$	λ_w	ν_w	λ_R
18	272	1.8	0.361 4	9.2	189	1.20	0.052 2	1.3	33.6	0.81	57.5
19	365	1.6	0.810 0	5.2	262	1.20	0.196 6	1.3	50.0	0.89	80.3
20	510	1.4	3.440 8	5.3	370	1.00	0.806 5	1.2	68.4	0.87	113.9
21	176	1.4	0.028 0	3.4	101	0.82	0.010 0	1.2	26.5	0.98	40.1
22	263	1.4	0.138 5	3.5	149	0.78	0.049 2	1.2	37.7	0.95	59.2
23	354	1.3	0.476 3	3.0	209	0.76	0.192 2	1.2	52.3	0.97	82.8
24	511	1.3	2.017 4	3.4	289	0.73	0.726 0	1.2	69.3	0.93	114.6
25	77.5	1.8	0.000 8	5.0	41.0	0.94	0.000 3	1.3	10.2	0.91	16.2
26	148	2.1	0.011 2	9.0	66.0	0.93	0.001 7	1.4	15.2	0.81	26.2
27	218	2.0	0.055 0	7.4	102	0.92	0.010 2	1.4	23.2	0.83	40.6
28	307	1.9	0.227 1	6.4	150	0.92	0.048 6	1.4	33.6	0.84	59.4
29	453	2.1	1.073 1	8.0	208	0.94	0.216 0	1.6	44.8	0.80	82.5
30	488	1.7	3.904 6	8.2	359	1.20	0.670 2	1.4	61.4	0.80	113.2
31	68	1.6	0.000 4	2.7	51.0	1.20	0.000 3	1.2	12.0	1.07	16.6
32	117	1.6	0.005 3	4.1	82.9	1.10	0.001 5	1.2	18.2	0.96	27.0
33	179	1.5	0.032 3	4.0	129	1.10	0.009 6	1.2	27.6	0.95	42.1
34	269	1.5	0.226 1	5.7	192	1.10	0.048 3	1.2	37.7	0.87	62.1
35	362	1.4	0.671 7	4.3	270	1.10	0.196 1	1.4	53.0	0.90	87.7
36	502	1.5	1.786 2	3.2	300	0.88	0.721 4	1.3	73.8	0.95	120.9
37	358	1.3	0.851 5	5.6	271	1.00	0.197 6	1.3	48.5	0.83	88.6
38	484	1.3	2.796 9	5.1	374	1.00	0.733 8	1.3	66.5	0.84	122.4

尝试采用 Rayleigh 分布用以更好地估算锚绳的疲劳损伤和最大应力范围。结果表明：较低的应力范围导致的疲劳损伤较小，通过移除较低部分的应力范围，当应力范围概率分布的形状参数为

2,应力范围分布将服从 Rayleigh 分布。如图 3.37 所示,采用 Rayleigh 分布,能够较好地拟合应力范围 $\sigma > 20$ Mpa 区间的频率分布。利用简化的疲劳分析方法,Rayleigh 分布能够更准确地估算锚绳的疲劳损伤和最大应力范围。锚绳在长期海况作用下引起的年疲劳损伤为 0.064,疲劳寿命为 15.5 年,能够满足常见的网箱渔场设计寿命。

4　组合式网箱水动力特性

受到近岸海域污染和远洋捕捞量下降的影响,利用离岸网箱进行水产养殖是解决高品质水产品供应不足的最重要、最有效的手段。目前,世界各国都在积极推进离岸抗风浪网箱的发展,我国离岸抗风浪网箱多以组合式网箱的形式布置。尽管世界各国都在积极开展离岸抗风浪网箱水产养殖的研究,但是,迄今为止相关的基础研究还很薄弱,为了设计出安全可靠的离岸抗风浪组合式网箱及其锚绳系统,需要开展大量的组合式网箱方面的基础研究工作。本章在采用物理模型试验验证单体网箱及其网格式锚碇系统的数值模型之后,利用数值模拟的方法分析了多体组合式网箱及其网格式锚碇系统的水动力特性,考虑了不同的网箱布置形式、波流入射方向和锚碇形式。

4.1 组合式网箱及其锚绳系统的数值模型

组合式网箱通常采用水下网格式锚碇系统将多个网箱连接成一个整体,组合式网箱的锚绳系统包括较多的锚绳,对其进行分析较为复杂。本章拓展前文给出的四点锚碇的单体网箱的数值模型,给出了组合式网箱及其网格式锚绳系统的数值模型。图 4.1 给出的是单体网箱及其网格式锚碇系统,该系统包括组合式网箱及其网格式锚碇系统的所有构件(网箱、锚绳和浮球)。本章首先采用物理模型试验验证单体网箱及其网格式锚碇系统在纯波、纯流和波流联合作用下的数值模型,之后利用该模型分析了组合式网箱及其网格式锚碇系统的水动力特性。

图 4.1　网箱及其网格式锚碇系统示意图

Fig. 4.1　Schematic diagram of net-cage and grid mooring system

网格式锚碇系统包括连接锚绳、网格锚绳及锚固锚绳。网箱位于水下网格平台的中心,网箱通过一组连接锚绳与水下的网格平台相连。下潜的网格平台通过锚固锚绳与海底相连。浮球位于网格节点上方,用于维持整个锚绳系统的初始张力,保持整个锚绳系统的几何形状。本章拓展第二章的四点锚碇网箱的数值模型，增加了浮球的数值模型，建立了组合式网箱及其网格式锚碇系统的数值模型。

浮球在海洋环境条件下，受到重力、浮力及水动力作用，采用 Morison 公式计算作用于浮球上的水动力为

$$\boldsymbol{F}_B = \boldsymbol{F}_D + \boldsymbol{F}_I = \frac{1}{2}\rho C_D A \frac{\boldsymbol{V}_{RB}\,|\boldsymbol{V}_{RB}|}{2} + \rho \,\forall_B C_m \frac{\partial \boldsymbol{V}_{RB}}{\partial t} + \rho \,\forall_B \frac{\partial \boldsymbol{V}_B}{\partial t}$$

$$(4.1)$$

其中，C_D 是拖曳力系数，C_m 是附加质量系数，A 是浮球沿水质点速度方向的投影面积，$\forall_B$ 是浮球的排水体积。根据 Blevins[134] 的研究，拖曳力系数为雷诺数 Re 的函数，如表 4.1 所示。

当 $Re<1$，$C_D = 24/Re[1+(3/16)Re]$，其中，$Re = \rho V_{RB}D/\mu$，V_{RB} 是浮球与水质点之间的相对速度，D 是浮球的直径，μ 是水的黏性系数。通过计算获得了雷诺数之后，水动力系数 C_D 可以对表 4.1 进行插值计算获得。

表 4.1　浮球的拖曳力系数

Tab. 4.1　Drag coefficient of the floater

Re	10^2	10^3	10^4	10^5	10^6	5×10^6
C_D	1.0	0.41	0.39	0.52	0.12	0.18

如图 4.2 所示，假定浮球的质心坐标为 (x_B, y_B, z_B)，浮球的下潜深度为

$$\Delta h = \eta(x, y, t) - (z_B(t) - r) \qquad (4.2)$$

其中，η 是浮球质心 (x_B, y_B, z_B) 处的波高，可以采用线性波浪理论计算，r 是浮球半径，$z_B(t)$ 为浮球质心到静水面的距离。

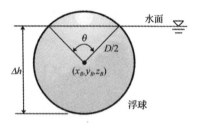

图 4.2　浮球示意图

Fig. 4.2　Schematic diagram of the floater

浮球沿坐标轴的水下投影面积为

$$A_x = A_y = \begin{cases} \dfrac{\pi}{4}D^2 & (\Delta h > D) \\[2mm] \dfrac{1}{8}D^2(\theta - \sin\theta) & (D/2 < \Delta h \leqslant D) \\[2mm] \dfrac{\pi}{4}D^2 - \dfrac{1}{8}D^2(\theta - \sin\theta) & (0 < \Delta h \leqslant D/2) \\[2mm] 0 & (\Delta h \leqslant 0) \end{cases} \tag{4.3}$$

$$A_z = \begin{cases} \dfrac{\pi}{4}D^2 & (\Delta h > D/2) \\[2mm] \pi\left[\left(\dfrac{D}{2}\right)^2 - \left(\dfrac{D}{2} - \Delta h\right)\right]^2 & (0 < \Delta h \leqslant D/2) \\[2mm] 0 & (\Delta h \leqslant 0) \end{cases} \tag{4.4}$$

其中, θ 是浮球水面线对应的中心角, 采用下式计算:

$$\theta = 2\cos^{-1}\left(\frac{D/2 - \Delta h}{D/2}\right) \tag{4.5}$$

组合式网箱及其网格式锚碇系统的数值模型表示为

$$m_i \frac{\partial^2 R_i}{\partial t^2} = \sum_{j=1}^{N_e} (F_D + F_I + F_B + F_w + F_T)_{ji} \tag{4.6}$$

$$\begin{cases} \dot{x}_{G_i} = \dfrac{1}{m_{G_i}} \displaystyle\sum_{j=1}^{N} F_{x_{ji}} \\[2ex] \dot{y}_{G_i} = \dfrac{1}{m_{G_i}} \displaystyle\sum_{j=1}^{N} F_{y_{ji}} \\[2ex] \dot{z}_{G_i} = \dfrac{1}{m_{G_i}} \displaystyle\sum_{j=1}^{N} F_{z_{ji}} \end{cases} \tag{4.7}$$

$$\begin{cases} \dfrac{\partial \omega_{a_i}}{\partial t} = -\dfrac{1}{I_{a_i}}(I_{c_i} - I_{b_i})\omega_{b_i}\omega_{c_i} + \dfrac{1}{I_{a_i}} \displaystyle\sum_{j=1}^{N} M_{a_{ji}} \\[2ex] \dfrac{\partial \omega_{b_i}}{\partial t} = -\dfrac{1}{I_{b_i}}(I_{a_i} - I_{c_i})\omega_{c_i}\omega_{a_i} + \dfrac{1}{I_{b_i}} \displaystyle\sum_{j=1}^{N} M_{b_{ji}} \\[2ex] \dfrac{\partial \omega_{c_i}}{\partial t} = -\dfrac{1}{I_{c_i}}(I_{b_i} - I_{a_i})\omega_{a_i}\omega_{b_i} + \dfrac{1}{I_{c_i}} \displaystyle\sum_{j=1}^{N} M_{c_{ji}} \end{cases} \tag{4.8}$$

其中，N_e 表示与第 i 个节点连接的单元总数，I_{a_i}，I_{b_i} 和 I_{c_i} 是第 i 个浮架的第 j 个单元，沿三个惯性主轴的惯性矩；ω_{a_i}，ω_{b_i} 和 ω_{c_i} 是第 i 个浮架沿三个惯性主轴的角速度；$M_{a_{ji}}$，$M_{b_{ji}}$ 和 $M_{c_{ji}}$ 是第 i 个浮架的第 j 个单元沿三个惯性主轴的力矩，N 为浮架单元数。

采用四阶 Runge-Kutta 方法求解上述组合式网箱及其锚绳系统的数值模型，可以获得组合式网箱在波浪和水流作用下的动力响应。

4.2 纯波浪作用

波浪是海洋结构物受到的主要环境荷载，本节分析了组合式网箱及其锚绳系统在规则波浪作用下的锚绳张力、浮架运动和网箱的变形。利用物理模型试验对单体网箱的数值模型进行验证，之后利用该数值模型分析了两种组合式网箱系统，并对组合式网箱的整个锚绳系统的破坏过程进行了分析。

4.2.1 数值模型验证

图 4.3 表示单体网箱及其网格式锚碇系统的物理模型示意图。网箱通过连接锚绳与水下的网格平台相连,水下网格平台通过锚固锚绳固定在水槽底部,整个锚绳系统的初始张力由位于网格节点上方的浮球提供。物理模型试验中没有设置锚链,锚固锚绳、网格锚绳和连接锚绳的初始张力分别为 0.013 N,0.011 N 和 0.002 N。锚固锚绳、网格锚绳和连接锚绳的长度分别为 147 cm,100 cm 和 50 cm。锚绳的材料为 PE,其弹性关系为:$T = 670(\Delta S/S)^{1.132}$,其中,$T$ 为锚绳的张力,单位为 N;ΔS 为锚绳的伸长量,S 为锚绳的长度,单位为 cm。数值模型中,锚固锚绳、网格锚绳和连接锚绳的网格单元数分别为 10、10 和 5。

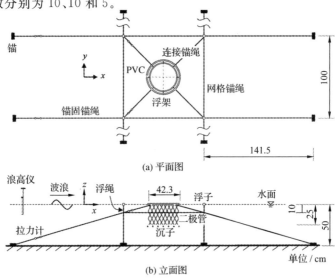

(a) 平面图

(b) 立面图

图 4.3 网箱及网格式锚碇系统示意图

Fig. 4.3 Schematic diagram of net cage and grid mooring system

采用的物理模型相似比尺为 1：40,浮架及其锚绳系统的几何和力学参数见表 4.2。模型试验中的网衣材料为 PE,密度为 953 kg/m³。网衣沿圆周方向为 90 目,沿深度方向为 12 目,是无结节网衣。网目目脚长度为 11.7 mm,目脚直径为 0.72 mm。网衣结构装配成菱形网目,构成了直径为 0.398 m,深度为 0.225 m 的圆柱。网衣由 2.5 cm 长的细线与浮架相连。网衣的配重系统采用 10 个圆球形沉子,每个沉子的质量为 0.54 g,直径为 1 cm。下文的网箱和锚绳系统的几何和材料参数如无专门声明,与该单体网箱及其网格式锚碇系统相同。

表 4.2　网箱及网格式锚碇系统参数

Tab. 4.2　Parameters of net-cage and grid mooring system

构件	参数	模型
外浮管	直径(m)	0.423
	管径(mm)	6.25
	密度(g/m)	7.1
	材料	HDPE
内浮管	直径(m)	0.398
	管径(mm)	6.25
	密度(g/m)	7.1
	材料	HDPE
浮子	直径(mm)	38
	质量(g)	2.5
锚绳	直径(mm)	1.0
	密度(g/cm³)	1.14
	材料	PE

采用拉力计测量了迎浪面锚绳的张力,采用 CCD 高速摄像机

分析固定于浮架上的发光二极管的运动轨迹,模型试验中采用的
波浪参数如表4.3所示。

表 4.3　数值模拟和物理模型试验中采用的波浪参数

Tab. 4.3　Wave parameters for numerical simulations and physical model tests

No.	1	2	3	4	5	6
周期 $T(s)$	1.2	1.4	1.6	1.4	1.6	1.8
波高 $H(cm)$	14	14	14	17	17	17

为了验证该单体网箱及其网格式锚碇系统在波浪作用下的数
值模型,将数值模拟的结果与物理模型试验的数据(包括锚绳张力
和浮架运动响应)进行对比。图4.4表示迎浪面锚绳的最大张力。

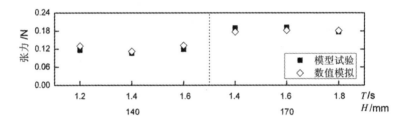

图 4.4　数值模拟与物理模型试验锚固锚绳最大张力

Fig. 4.4　The maximum tension force on anchor line from numerical simulations
and physical model tests

为了详细地比较数值模拟和物理模型试验的浮架运动响应,
图4.5表示波浪作用下浮架前后系缆点处示踪点(二极管)的运动
轨迹。结果显示:数值模拟和物理模型试验获得波浪作用下浮架
示踪点的运动轨迹的形状吻合较好。

图4.6和图4.7表示波浪作用下浮架的升沉和纵荡运动响应
的幅值。结果表明:物理模型试验和数值模拟获得的迎浪面锚绳

最大张力的平均误差为 11.4%,浮架的升沉和纵荡运动响应的平均误差分别为 4.8% 和 2.6%。可以认为,该数值模型能够较好地分析单体网箱及其网格式锚碇系统在纯波作用下的动力响应。受到试验条件的限制,对于组合式网箱采用物理模型试验进行分析存在一定的困难,下文将利用该数值模拟分析组合式网箱及其网格式锚碇系统在纯波作用下的动力响应。

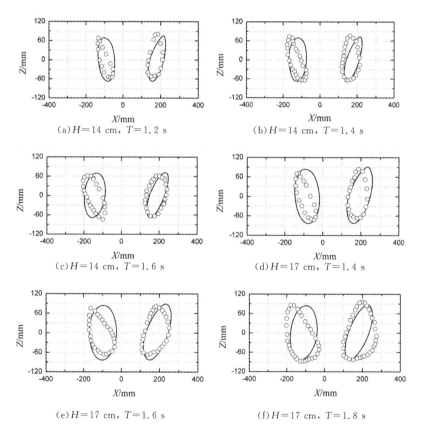

(a) $H=14$ cm, $T=1.2$ s　　　　(b) $H=14$ cm, $T=1.4$ s

(c) $H=14$ cm, $T=1.6$ s　　　　(d) $H=17$ cm, $T=1.4$ s

(e) $H=17$ cm, $T=1.6$ s　　　　(f) $H=17$ cm, $T=1.8$ s

图 4.5　固定于浮架上的二极管示踪点的运动轨迹

Fig. 4.5　Trajectory of the diodes attached on the floating collar

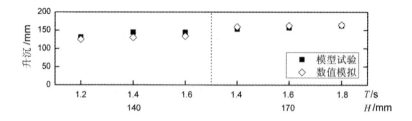

图 4.6　数值模拟与物理模型试验浮架升沉运动比较

Fig. 4. 6　The comparison of heave motion of floating collars from
numerical simulations and physical model tests

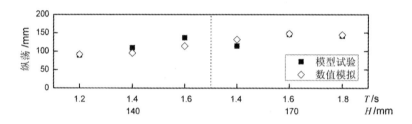

图 4.7　数值模拟与物理模型试验浮架纵荡运动比较

Fig. 4. 7　The comparison of surge motion of floating collars from
numerical simulations and physical model tests

4.2.2　正向入射波浪

利用波浪作用下单体网箱及其网格式锚碇系统的数值模型，分析了网箱群组图 4.8(a)和图 4.8(b)。两种网箱群组都包括四个网箱,群组(a)的网箱布置成两列,群组(b)的网箱布置成一列。下文将分析网箱布置形式对于锚绳张力、浮架运动和网箱变形的影响,并考虑波浪入射角对其动力响应的影响。输入的规则波浪为:波高 14 cm,周期 1. 4 s。

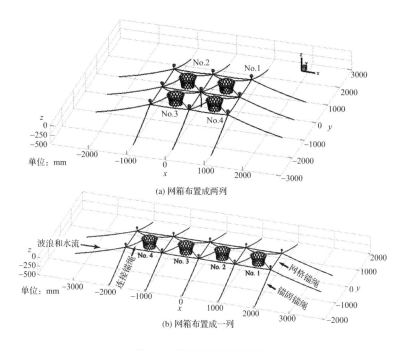

(a) 网箱布置成两列

(b) 网箱布置成一列

图 4.8　深水网箱及锚绳系统

Fig. 4. 8　Net cage and mooring system in the deep sea

　　组合式网箱的网格式锚碇系统包括连接锚绳、网格锚绳及锚固锚绳。连接锚绳、网格锚绳及锚固锚绳的长度分别为 50 cm，100 cm 和 147 cm，网格式平台位于水下 0.1 m，锚固锚绳、网格锚绳和连接锚绳的初始张力为 0.013 N，0.011 N 和 0.002 N。组合式网箱及其网格式锚碇系统与单体网箱及其网格式锚碇系统的几何和材料参数相同，只是分别在 x、y 轴方向进行扩展。

　　锚绳张力是组合式网箱及其锚碇系统设计的重要参数，也是渔民关心的主要参数，下文分析了正向入射波浪条件下的锚绳张力分布。图 4.9 和图 4.10 表示正向入射波浪条件下网箱群组（a）

和(b)的锚绳张力分布。

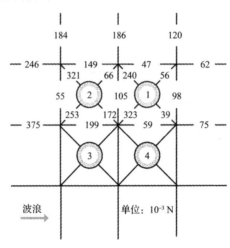

图 4.9　网箱群组(a)的锚绳最大张力分布

Fig. 4.9　The distribution of maximum mooring line tension for net cage group (a)

　　首先,对连接锚绳的最大张力进行分析。每个网箱由一组 4 根连接锚绳与水下网格平台相连。在正向入射波浪的作用下,连接锚绳包括迎浪面锚绳和背浪面锚绳。在波浪的作用下,背浪面的连接锚绳发生松弛,迎浪面连接锚绳的最大张力大于背浪面连接锚绳的最大张力。网箱群组(a)和(b)中连接锚绳的最大张力分别为 0.323 N 和 0.335 N,承受最大张力的连接锚绳分别连接网箱群组(a)的 1 号网箱和网箱群组(b)的 4 号网箱。网箱群组(b)连接锚绳的最大张力比网箱群组(a)连接锚绳的最大张力大(0.335 − 0.323)/0.323＝3.7%,两者基本相同。

其次,对网格锚绳的最大张力进行分析。网格锚绳包括两类:第一类网格锚绳与波浪入射方向平行,称为纵向网格锚绳;第二类网格锚绳与波浪入射方向垂直,称为横向网格锚绳。如图4.9和图4.10所示,对于纵向网格锚绳,上游的纵向网格锚绳的最大张力大于下游的纵向网格锚绳的最大张力。原因是波浪作用在每个网箱上的荷载通过连接锚绳传递给网格锚绳,上游的纵向网格锚绳分担网箱的荷载多于下游的纵向网格锚绳。网箱群组(a)和(b)的网格锚绳最大张力分别为0.199 N和0.258 N。相比于网箱群组(a),网箱群组(b)的网格锚绳最大张力增加了29.6%。相比于网箱群组(a),网箱群组(b)的网格锚绳张力增加明显,连接锚绳的张力变化较小。

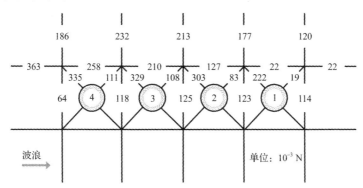

图4.10　网箱群组(b)的锚绳最大张力分布

Fig.4.10　The distribution of maximum mooring line tension for net cage group (b)

最后,对锚固锚绳的最大张力进行分析。组合式网箱的网格式锚碇系统包括四组锚固锚绳:两组锚固锚绳与来浪方向垂直,称为侧向锚固锚绳;另外两组锚固锚绳与来浪方向平行,称为正向锚固锚绳。与连接锚绳的张力类似,上游的正向锚固锚绳受力是最大的。对于网箱群组(a)和(b),锚固锚绳的最大张力分别为 0.375 N 和 0.363 N。网箱群组(a)和(b)的锚固锚绳最大张力差别较小。网箱群组(b)的锚固锚绳最大张力较网箱群组(a)减小了 3.2%,两者基本相同。

组合式网箱的网格式锚碇系统包括较多锚绳,锚固锚绳的最大张力大于连接锚绳和网格锚绳的最大张力,导致锚绳张力产生差别的原因较为复杂。首先,网箱群组(a)和(b)锚绳张力分布的差异是由于锚绳张力传递路径的不同,锚绳分担的荷载不均匀造成的;其次,由于网箱布置方式的差异,对于每个网箱而言,受到的约束也不尽相同,网箱的运动与其所受约束有关,不同的网箱布置方式导致了网箱的运动存在差异,最终导致作用在网箱上的环境荷载也有所不同。由于网箱的运动和锚绳的张力分布都受到荷载传递路径的影响,下文还将分析波浪传播方向对于锚绳张力和网箱运动的影响。

对网箱群组(a)和(b)的浮架运动和网箱的变形进行分析,如图 4.9 和图 4.10,网箱编号为 1、2、3、4。图 4.11 和图 4.12 表示网箱群组(a)和(b)的浮架升沉和纵荡响应。如图 4.11 所示,网箱群组(a)和(b)的浮架升沉运动响应的差别较小,浮架的升沉运动响应与网箱的布置无明显关系。如图 4.12 所示,网箱群组(a)和(b)之间的浮架纵荡运动响应的差异较为明显。

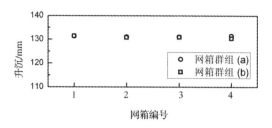

图 4.11 浮架升沉运动

Fig. 4.11 The heave motion of floating collars

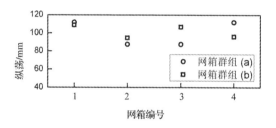

图 4.12 浮架纵荡运动

Fig. 4.12 The surge motion of floating collars

对于网箱群组(a),1 号和 4 号网箱的浮架纵荡运动响应的幅值大于 2 号和 3 号网箱的浮架纵荡运动响应幅值。在波浪作用下,位于上游的锚绳张力较大,处于张紧状态,位于下游的锚绳有可能出现松弛状态,上游的锚绳对于网箱的约束强于下游的锚绳,导致上游的 2 号和 3 号网箱的纵荡运动响应的幅值小于下游的 1 号和 4 号网箱的纵荡运动响应的幅值。对于网箱群组(b),1 号网箱的浮架纵荡运动响应幅值是最大的,与 3 号网箱的浮架纵荡运动响应幅值较为接近。

图 4.13 给出了网箱群组(a)和(b)的体积折减系数的最大值。

对于网箱群组(a),四个网箱的体积折减系数的最大值差异较小,平均值为 17.48%;对网箱群组(b),四个网箱的体积折减系数的最大值差异明显,3 号网箱的体积折减系数最大,变形最严重。网箱的变形与浮架的运动响应关系最为密切,四个网箱的垂直运动幅值相差较小,3 号网箱的浮架水平运动并不是最大的,3 号网箱的变形最严重是因为 3 号网箱的浮架倾角较大。四个网箱最大体积折减系数的平均值为 17.88%。结果表明:网箱群组(a)和(b)能够提供的有效养殖体积较为接近。

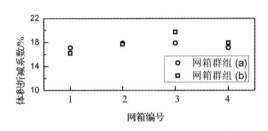

图 4.13　网箱体积折减系数

Fig. 4.13　The volume reduction coefficient of net cages

4.2.3　斜向入射波浪

深水组合式网箱布置在外海,波浪沿着不同的方向传播,导致锚绳系统的荷载传递路径有所不同,也会造成网箱运动的差异,下文分析了不同波浪入射方向条件下锚绳的张力分布和网箱的变形。

如图 4.14 所示,网箱群组(a)和(b)的网箱是对称布置的。对于网箱群组(a),分析了 0°,30° 和 45°入射波浪作用下锚绳张力分布。对于网箱群组(b),分析了 0°,45° 和 90°入射波浪作用下锚绳张力分布。

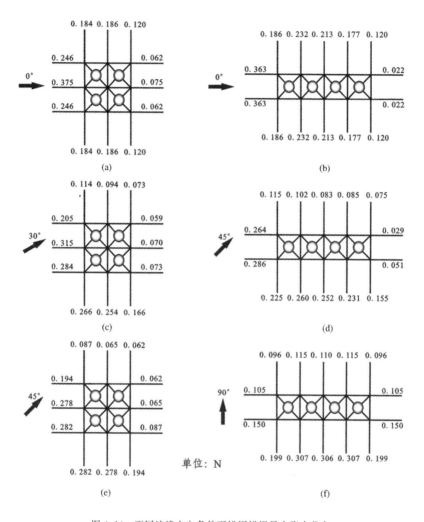

图 4.14　不同波浪方向条件下锚固锚绳最大张力分布

Fig. 4.14　The distribution of the maximum tension force on anchor lines for different wave directions

图 4.14 给出了不同方向入射的波浪条件下,网箱群组(a)和(b)的锚固锚绳最大张力的分布情况。对于组合式网箱的网格式锚碇系统而言,锚固锚绳的最大张力大于连接锚绳和网格锚绳的最大张力。为了使结果简洁清晰,图 4.14 只给出了锚固锚绳的最大张力。

在 $0°$、$30°$ 和 $45°$ 波浪作用下,网箱群组(a)的锚固锚绳最大张力分别是 0.375 N、0.315 N 和 0.282 N。当波浪入射角为 $0°$ 时,只有左侧的三根锚固锚绳承受网箱大部分的水动力荷载;当波浪入射角为 $45°$ 时,左侧的三根锚固锚绳和底部的三根锚固锚绳共同承受网箱大部分的水动力荷载。不同方向入射的波浪条件下,锚固锚绳的张力分布均匀性是不同的。进行组合式网箱的网格式锚碇系统的设计时,让更多的锚绳承担网箱的环境荷载,能够有效地减小锚绳的最大张力,增加锚绳张力分布的均匀性,有利于降低锚碇系统破坏的风险。

在 $0°$、$45°$ 和 $90°$ 波浪作用下,网箱群组(b)的锚固锚绳最大张力分别为 0.363 N、0.286 N 和 0.307 N。当波浪入射角为 $0°$ 时,只有左侧的两根锚固锚绳承受网箱大部分的水动力荷载;当波浪入射角为 $90°$ 时,只有底部的五根锚固锚绳承受网箱大部分的水动力荷载;当波浪入射角为 $45°$ 时,左侧的两根锚固锚绳和底部的五根锚固锚绳都可以分担网箱大部分的水动力荷载。结果表明:当波浪入射角为 $45°$ 时,锚绳张力分布更为均匀,锚固锚绳的最大张力较小。

不同方向入射的波浪条件下,组合式网箱的网格式锚碇系统的荷载传递路径不同,锚绳张力分布的均匀性不同。当波浪入射角为 45°时,锚绳张力分布最均匀,锚绳最大张力也较小。在布置组合式网箱及其网格式锚碇系统之前,需要对养殖海域的水文情况进行详细的调查。

不同的网箱布置会导致锚绳张力分布的不同,而网箱的运动与锚绳的张力互相耦合,不同的锚绳约束也反过来导致了不同的网箱运动响应,最终将导致网箱的有效养殖体积的不同。表 4.4 表示不同方向入射的波浪作用下网箱的体积折减系数的最大值。

对于网箱群组(a),波浪入射角为 0°时,四个网箱的体积折减系数较为接近,波浪入射角为 45°时,3 号网箱体积折减系数最大,变形最严重。对于网箱群组(b),波浪入射角为 90°时,四个网箱的体积折减系数较为接近,波浪入射角为 0°时,3 号网箱的体积折减系数最大,变形最严重。

表 4.4　不同波浪方向条件下网箱体积折减系数的最大值

Tab. 4.4　Maximum value of volume reduction coefficient of net cage for different wave directions

No.		1	2	3	4	平均值
群组(a)	0°	17.1	17.86	17.86	17.2	17.51
	30°	17.1	15.6	19.02	15.98	16.93
	45°	17.28	16.16	19.38	16.16	17.23
群组(b)	0°	16.24	17.73	19.74	17.86	17.89
	45°	16.79	15.8	16.47	16.25	16.33
	90°	16.88	17.05	17.05	16.88	16.97

4.2.4　网格式锚碇系统的破坏过程

组合式网箱及锚绳系统在遇到恶劣的海况时,尤其是遭遇台风时,可能会被破坏。在网箱锚绳系统的设计过程中需要考虑纤维锚绳受到鱼群的撕咬,Winkler 和 McKenna[135]的研究表明由于鱼群撕咬导致的锚绳失效概率为 12%,包括 8 根锚绳的锚绳系统中至少有 1 根锚绳失效的概率为 64%,因此,必须分析锚绳系统中一根锚绳断裂之后,锚绳张力的重新分布情况。本文对网箱群组(a)和(b)在恶劣海况条件下的锚绳破坏过程进行了讨论。假定承受最大张力的锚绳发生断裂,锚绳断裂之后,整个锚绳系统的张力会重新分布,断裂之后的锚绳承担的张力由其他的锚绳来分担,其他的锚绳也可能会随之发生连续断裂,因而形成"多米诺骨牌"效应。

对原型网箱锚碇系统的破坏过程进行分析,原型网箱及其锚碇系统的几何和力学参数由表4.2按相似比尺1∶40计算得到,规则波的波高为7.2 m,周期为11.4 s。

在正向入射的波浪作用下,迎浪面的正向锚固锚绳的张力最大,假定各锚绳的破断强度相同,迎浪面的正向锚固锚绳是最先发生破坏的,本节采用数值模拟的方法对网箱群组(a)和(b)的锚绳破坏过程进行模拟。

如图4.15所示,对于网箱群组(a)和(b),虚线表示的锚固锚绳比其他锚固锚绳的张力大,在波浪作用下,最先发生断裂。图4.15表示了锚固锚绳断裂之后锚绳张力的重新分布。

对于锚固锚绳的断裂,分两种情况考虑:第一种情况是假定锚固锚绳断裂之后,剩余的锚绳能够承担足够的荷载不发生断裂;第二种情况假定其他的锚绳不足以承担重新分布之后的锚绳张力而断裂。

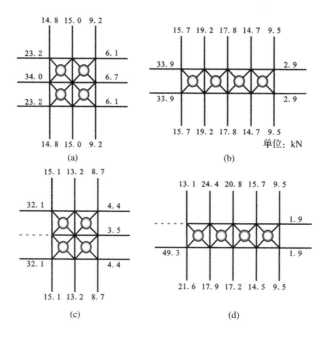

图 4.15 单根锚固锚绳断裂之后锚固锚绳最大张力的重分布(虚线表示断裂的锚绳)

Fig. 4.15 The recalculated maximum tension force on the anchor lines after one anchor line breaks (where the dashed line represents the broken anchor line)

考虑第一种情况,假定承受最大荷载的锚固锚绳发生断裂,剩余的锚绳能够承担锚绳断裂之后重新分布的张力,不发生断裂。图 4.15(a)和图 4.15(b)表示网箱群组(a)和(b)中所有的锚绳都正常工作条件下的锚绳张力分布,图 4.15(c)和图 4.15(d)表示锚绳断裂之后的张力重新分布情况。当所有的锚绳都能正常工作时,网箱群组(a)和(b)的锚固锚绳的最大张力分别为 34.0 kN 和 33.9 kN。承受最大荷载的锚绳断裂之后,整个锚碇系统的锚绳张力将重新分布,重新分布之后锚固锚绳的最大张力分别为 32.1 kN 和 49.3 kN。在所有锚绳都正常工作的条件下,网箱群组(a)和(b)的锚固锚绳最大张力差别较小;然而,承担最大荷载的锚固锚绳断裂之后,网箱群组(a)的锚固锚绳最大张力小于网箱群组(b)的锚固锚绳最大张力。结果表明:网箱群组(b)的锚绳系统发生破坏的风险高于网箱群组(a),网箱群组(a)的布置形式优于网箱群组(b)。Tsukrov[136]分析了蝶形网箱及其网格锚绳系统在锚绳断裂之后的动力特性,其研究结果与本文得到的结果类似,在锚绳断裂之后,网箱朝着断裂的锚绳相反的方向漂移,断裂锚绳承担的荷载由其余的锚绳来分担,剩余的锚绳也将承受更大的荷载。

考虑第二种情况,当承受最大荷载的锚固锚绳断裂之后,剩余的锚绳不能承受重新分布之后的锚绳张力,将陆续发生断裂,最终整个锚绳系统都将破坏。图4.16和图4.17表示了网箱群组(a)和(b)的整个锚绳系统的破坏过程。承受最大荷载的锚固锚绳断裂之后,首先是与其相邻的锚固锚绳断裂。新的锚固锚绳断裂之后,锚绳张力又将重新分布,之后又会有新的锚绳发生断裂,最终整个锚绳系统遭到破坏,形成了所谓的"多米诺骨牌"效应。

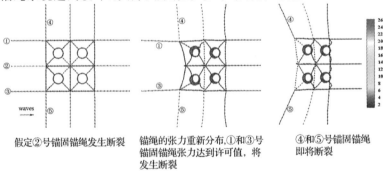

假定②号锚固锚绳发生断裂　　　锚绳的张力重新分布,①和③号锚固锚绳张力达到许可值,将发生断裂　　　④和⑤号锚固锚绳即将断裂

图4.16　网箱群组(a)的锚绳破坏过程

Fig. 4.16　Damage process of mooring lines for net cage group(a)

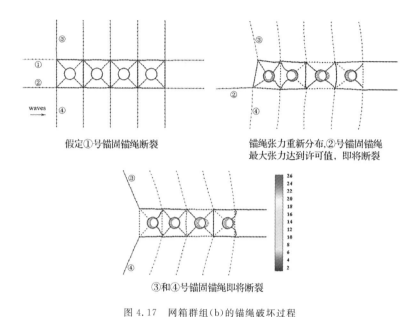

假定①号锚固锚绳断裂　　　　锚绳张力重新分布,②号锚固锚绳
　　　　　　　　　　　　　　最大张力达到许可值,即将断裂

③和④号锚固锚绳即将断裂

图 4.17　网箱群组(b)的锚绳破坏过程

Fig. 4.17　Damage process of mooring lines for net cage group(b)

4.3　纯水流作用

重力式网箱主要包括浮架和网衣。在波浪作用下,浮架的水动力荷载大于网衣的水动力荷载;在水流作用下,网衣的水动力荷载将大于浮架的水动力荷载,网衣会发生严重的变形,导致网箱有效养殖体积的急剧下降,必须开展组合式网箱及其锚绳系统在水流作用下的动力响应。对于网箱结构,水流力也是其重要的荷载之一,本节分析了水流作用下组合式网箱及其网格式锚碇系统的动力特性。

本节利用物理模型试验验证了单体网箱及其网格式锚碇系统

在水流作用下的数值模型,之后利用该数值模型,分析了组合式网箱及其网格式锚碇系统的锚绳张力和浮架运动响应。

4.3.1 数值模型验证

物理模型试验的布置图与纯波条件下的单体网箱及其网格式锚碇系统相同。为了验证网箱及锚绳系统在水流作用下的数值模型,将数值模拟的结果与物理模型试验的结果进行对比,验证内容包括锚绳最大张力及浮架纵荡和升沉响应,分析了两种水流流速:11.3 cm/s 和 12.8 cm/s。

水流沿 x 轴负方向入射,选取迎浪面锚固锚绳最大张力进行分析比较,将物理模型试验与数值模拟获得的锚绳最大张力进行对比。图 4.18 表示水流作用下单体网箱的网格式锚碇系统中锚固锚绳最大张力。结果表明:数值模拟和物理模型试验结果的平均相对误差为 2.9%。

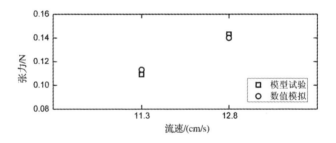

图 4.18　迎浪面锚固锚绳最大张力值

Fig. 4.18　The maximum tension force on the upstream anchor line

将物理模型试验和数值模拟获得的水流作用下单体网箱的浮架纵荡和升沉运动响应进行对比。图 4.19 和图 4.20 表示数值模拟和物理模型试验获得的纯水流作用下浮架纵荡和升沉运动响应。结果表明：在纯水流作用下，浮架的升沉运动响应很小。数值模拟与物理模型试验获得的浮架纵荡和升沉运动响应差别较小，纵荡运动响应的计算值和试验值的相对误差为5.7%。

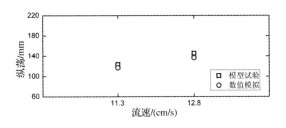

图4.19 浮架纵荡运动

Fig. 4.19 The surge motion response of floating collar

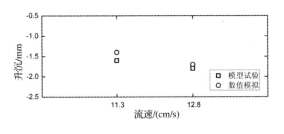

图4.20 浮架升沉运动

Fig. 4.20 The heave motion response of floating collar

结果表明：本文提出的单体网箱及其网格式锚碇系统的数值模型能够较好地分析其在水流条件下的动力响应。下文将通过数值计算分析组合式网箱及其锚绳系统在水流作用下的动力响应，并分析了水流入射方向对其动力响应的影响。

4.3.2 正向入射水流

验证了单体网箱及其网格式锚碇系统在水流作用下的数值模型之后,本节利用该数值模型分析了图 4.8 所示的网箱群组(a),水流沿 x 轴负方向入射,水流流速为 10 cm/s。与纯波条件类似,水流的方向也会对组合式网箱及其锚绳系统的动力响应产生影响。首先分析正向入射的水流条件下如图 4.21 所示的网箱群组(a)的动力响应,下一节将分析斜向入射的水流对于组合式网箱动力响应的影响。

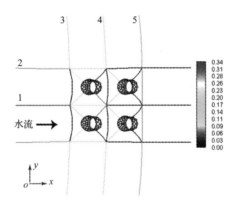

图 4.21　水流作用下两行两列网箱及其锚绳系统的变形

Fig. 4.21　The deformation of two by two net cages and mooring

system in current (unit: N)

图 4.21 表示正向入射的水流作用下网箱群组(a)的锚绳张力分布情况。结果表明:在水流作用下,锚固锚绳的最大张力明显大于连接锚绳和网格锚绳的最大张力。对于正向锚固锚绳,中间的 1 号锚固锚绳的最大张力为 0.34 N,2 号锚固锚绳的最大张力为

0.29 N;对于侧向锚固锚绳,位于上游的 3 号锚固锚绳最大张力
0.14 N 大于位于下游的 4 号锚固锚绳最大张力 0.13 N 和 5 号锚
固锚绳最大张力 0.07 N。

4.3.3 斜向入射水流

　　水流的入射方向会影响组合式网箱的网格式锚碇系统的锚绳张
力的分布。由于网箱布置的对称性,本文分析了 0°、15°、30° 和 45° 入
射的水流条件下锚绳的张力分布。在不同方向入射的水流作用下,
锚绳张力的传递路径不同,造成不同的锚绳张力分布。图 4.22～
图 4.25 分别给出了 0°、15°、30° 和 45° 的水流条件下的锚绳张力
分布。

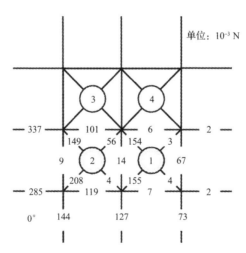

图 4.22　0°水流时的锚绳张力分布

Fig. 4.22　The distribution of mooring line tension in the case of 0° current

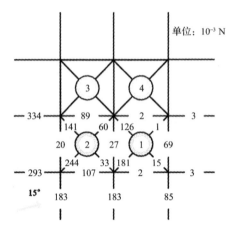

图 4.23　15°水流时的锚绳张力分布

Fig. 4.23　The distribution of mooring line tension in the case of 15° current

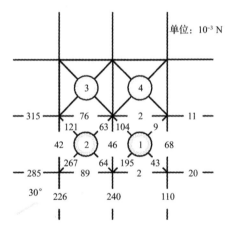

图 4.24　30°水流时的锚绳张力分布

Fig. 4.24　The distribution of mooring line tension in the case of 30° current

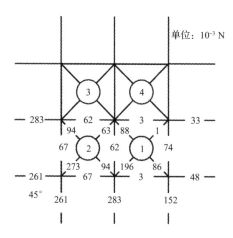

图 4.25　45°水流时的锚绳张力分布

Fig. 4. 25　The distribution of mooring line tension in the case of 45° current

　　考虑连接锚绳的最大张力,与纯波条件下类似,在水流作用下,上游的连接锚绳的锚绳张力较大。在 0°、15°、30° 和 45° 入射的水流条件下,连接锚绳的最大张力分别为 0.208 N、0.244 N、0.267 N 和 0.273 N。当水流入射角从 0° 增加到 45° 时,连接锚绳的最大张力也随之增加。当水流入射角为 0° 时,上游的两根连接锚绳承担网箱的大部分水动力荷载;当水流入射角增加至 45° 时,与水流流向平行的连接锚绳承担大部分水动力荷载,因此,当水流入射角为 45° 时,连接锚绳张力最大。

　　在不同方向入射的水流作用下,连接锚绳的张力分布有所不同,随着连接锚绳的张力向网格锚绳和锚固锚绳的传递,水流入射方向对锚固锚绳和网格锚绳张力分布也将产生影响。下文将考虑锚固锚绳和连接锚绳的张力分布。

在 0°、15°、30°和 45°的水流条件下,锚固锚绳的最大张力分别为 0.337 N、0.334 N、0.315 N 和 0.283 N。在不同方向入射的水流条件下,锚固锚绳的张力分布也有所不同,但是承受最大张力的锚固锚绳的位置是不变的。对组合式网箱及其网格式锚碇系统进行管理时,可以对承受最大张力的锚绳加强监测。

对于分两列布置的四体组合式网箱及其网格式锚碇系统,在 45°入射的水流作用下,锚绳的张力最小。布置组合式网箱及网格式锚碇系统之前,对养殖海域水流条件进行详细调查,对于选择合适的网箱布置方向非常有意义。

前文分析了两列布置的四体组合式网箱及其网格式锚碇系统在波浪作用下的锚绳张力分布。类似的,图 4.26 表示单列布置的四体网箱及其锚绳系统的锚绳最大张力、网箱体积折减系数和浮架纵荡运动响应幅值。在水流作用下,网箱的升沉运动很小,将不予讨论。水流入射角为 0°时,锚绳张力最大,浮架的水平运动也最大,四个网箱的纵荡运动响应幅值相差较大,1 号网箱与 2 号网箱的纵荡运动响应幅值接近,4 号网箱的纵荡运动响应幅值最小。随着水流入射角的增加,锚绳张力和浮架的纵荡运动响应幅值都逐渐减小。总体而言,在水流作用下网箱将产生严重的变形,受水流入射方向的影响很小,当水流入射角为 45°时,网箱的变形最小,但是四个网箱的变形也基本相同。水流入射角为 90°时,锚绳张力变得最小,浮架的纵荡运动响应幅值也最小,并且四个网箱的纵荡运动响应幅值差别非常小。

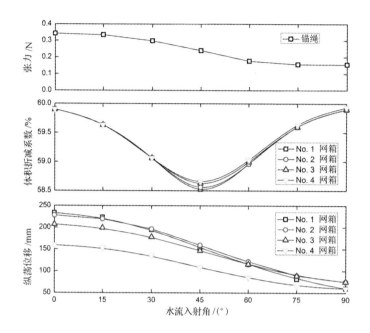

图 4.26　单列布置的四体网箱及其锚绳系统的锚绳最大张力及浮架纵荡运动

Fig. 4.26　Maximum tension force on mooring lines and surge motion of floating

collar for the four-cage and mooring system arranged in a row

4.4　波流联合作用

在海洋环境条件下,波浪通常与水流同时存在,本节分析了组合式网箱及其网格式锚碇系统在波流联合作用下网箱的动力特性。首先介绍了波流场的计算模型。然后描述了相关的物理模型试验,并利用该物理模型试验验证了单体网箱及其网格式锚碇系统在波流联合作用下的数值模型。最后利用该数学模型分析了波流入射方向对于组合式网箱及其锚绳系统水动力特性的影响。

4.4.1 波流场的模拟

波浪与水流共存时,不但会改变波浪特性,也会改变水流的流场。许多学者开展了波浪与水流相互作用的研究,例如 Li[137]、Hedges 和 Lee[138]。本文只给出了一些结论性的描述。

如图 4.27 所示,假定流速沿水深方向是均匀分布的,波浪传播方向与水流流向之间的夹角为 α。以惯性坐标系(定参考系)为参考系,波浪传播的速度为 C,假定动参考系沿着水流传播方向以水流速度移动,以动坐标系为参考系,波浪传播的速度为 C_r。基于线性波浪理论,波浪在水流中的速度可以由下式确定

$$C = C_r + U\cos \alpha, \omega = \omega_r + kU\cos \alpha \tag{4.9}$$

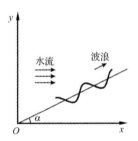

图 4.27　波浪与水流方向示意图

Fig. 4.27　The schematic diagram of direction of waves and current

其中,$\omega_r = 2\pi/T_r$ 是动参考系中波浪的角频率,$\omega = 2\pi/T$ 是定参考系中波浪的角频率,$k = 2\pi/\lambda$ 为波数 $k = (k_x^2 + k_y^2)^{1/2}$。

基于线性波浪理论，波流共同作用时波浪的波长可以用下式进行计算

$$\frac{\lambda}{\lambda_s} = \left[1 - \frac{U\cos\alpha}{C}\right]^{-2} \tanh kd / \tanh k_s d \qquad (4.10)$$

其中，下标 s 表示静水中的数值。为了获得水流中的波长，可以对上式进行迭代计算。

按照波浪作用通量守恒及线性波浪理论，水流中变形之后的波高可以由下式进行计算

$$H/H_s = \left(1 - \frac{U\cos\alpha}{C}\right)^{0.5} \left(\frac{\lambda_s}{\lambda}\right)^{0.5} \left(\frac{N_s}{N}\right)^{0.5} \left(1 + \frac{U\cos\alpha}{C}\frac{2-N}{N}\right)^{0.5}$$

$$(4.11)$$

其中，$N = 1 + (2kd / \sinh 2kd)$，$N_s = 1 + (2k_s d / \sinh 2k_s d)$，$\lambda$ 和 H 分别表示水流中波浪的波长及波高，λ_s 和 H_s 分别表示静水中波浪的波长及波高。

在定参考系中，根据线性波浪理论，波面可以由下式决定

$$\eta = \frac{H}{2}\sin(k_x x + k_y y - \omega t) \qquad (4.12)$$

水质点的速度可以由下式计算获得

$$u_x = U + \frac{H}{2}(\omega - KU\cos\alpha)\frac{\cosh K(z+d)}{\sinh Kd}\cos(k_x x + k_y y - \omega t)\cos\alpha$$

$$(4.13)$$

$$u_y = \frac{H}{2}(\omega - KU\cos\alpha)\frac{\cosh K(z+d)}{\sinh Kd}\cos(k_x x + k_y y - \omega t)\sin\alpha \quad (4.14)$$

$$u_z = \frac{H}{2}(\omega - KU\cos\alpha)\frac{\sinh K(z+d)}{\sinh Kd}\sin(k_x x + k_y y - \omega t) \quad (4.15)$$

类似的,将上面的式子对时间求导数可以得到水质点的加速度表达式为

$$\frac{\partial u_x}{\partial t} = \frac{\omega H}{2}(\omega - KU\cos\alpha)\frac{\cosh K(z+d)}{\sinh Kd}\sin(k_x x + k_y y - \omega t)\cos\alpha$$

$$(4.16)$$

$$\frac{\partial u_y}{\partial t} = \frac{\omega H}{2}(\omega - KU\cos\alpha)\frac{\cosh K(z+d)}{\sinh Kd}\sin(k_x x + k_y y - \omega t)\sin\alpha$$

$$(4.17)$$

$$\frac{\partial u_z}{\partial t} = -\frac{\omega H}{2}(\omega - KU\cos\alpha)\frac{\sinh K(z+d)}{\sinh Kd}\cos(k_x x + k_y y - \omega t)$$

$$(4.18)$$

4.4.2 数值模型验证

为了验证组合式网箱及锚绳系统在波流联合作用下水动力响应的数值模型,将数值模拟的结果与物理模型试验的结果进行对比,对比的内容包括锚绳的张力及浮架的运动响应。采用的波浪和水流条件如表 4.5 所示,波高为无流条件下的数值,物理模型布置与纯波条件下的模型布置相同。

表 4.5 数值模拟和物理模型试验中采用的波流参数

Tab. 4.5 Parameters of waves and current for numerical simulations and physical model tests

No.	1	2	3	4	5	6	7	8	9	10	11	12
周期 T/s	1.2	1.4	1.6	1.4	1.6	1.8	1.2	1.4	1.6	1.4	1.6	1.8
波高 H/cm	14	14	14	16	16	16	14	14	14	16	16	16
流速 $V/(cm/s)$	11	11	11	11	11	11	14	14	14	14	14	14

组合式网箱及锚绳系统的设计者通常只关心锚绳的最大张力。图 4.28 给出了锚固锚绳系统的最大张力值。结果表明:数值模拟结果与物理模型试验结果之间相对误差的最大值为 13.0%,平均值为 6.1%。

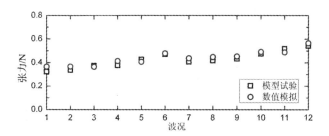

图 4.28 数值模拟与物理模型试验中锚固锚绳张力最大值的比较

Fig. 4.28 Comparison on the maximum value of the tension force on anchor line from numerical simulations and physical model tests

图 4.29 表示浮架上的发光二极管示踪点的运动轨迹,只给出了表 4.5 前三种工况条件下的二极管示踪点的运动轨迹图。结果表明:数值模拟与物理模型试验中获得的二极管示踪点的运动轨迹较为接近。

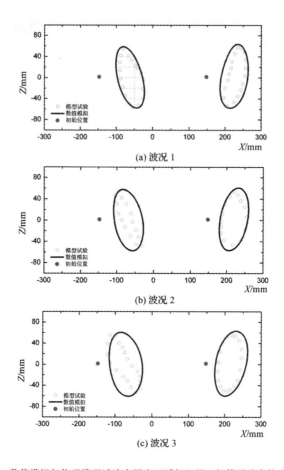

图 4.29　数值模拟与物理模型试验中固定于浮架上的二极管示踪点轨迹的比较

Fig. 4. 29　Comparison on the trajectories of two diodes fixed on floating collar

obtained from numerical simulations and physical model tests

图 4.30、图 4.31 表示数值模拟与物理模型试验获得的浮架升沉和纵荡运动幅值。计算结果表明：数值模拟与物理模型试验获得的浮架纵荡和升沉运动响应之间的相对误差最大值分别为 7.1% 和 10.9%，平均值分别为 3.7% 和 5.5%。

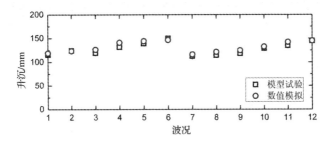

图 4.30　数值模拟与物理模型试验中浮架升沉运动的比较

Fig. 4.30　Comparison on the heave motion of floating collar for
numerical simulations and physical model tests

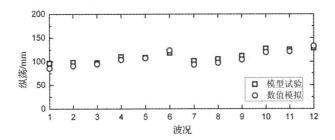

图 4.31　数值模拟与物理模型试验中浮架纵荡运动的比较

Fig. 4.31　Comparison on the surge motion of floating collar for
numerical simulations and physical model tests

　　结果表明：数值模拟与物理模型试验获得的锚绳张力、浮架纵荡和升沉运动响应吻合较好,相对误差都小于 13％,这也意味着该数值模型能够很好地用来分析组合式网箱及其锚绳系统在波流联合作用下的锚绳张力和浮架运动响应。

4.4.3　波流正向入射

验证了单体网箱及其网格式锚碇系统在波流作用下的数值模

型之后,利用该数值模型分析了组合式网箱及网格式锚碇系统在波流作用下的水动力响应。采用的波流条件为:波高为 10 cm,周期为 1.0 s,流速为 10 cm/s。

组合式网箱及锚绳系统是水产养殖业未来的发展趋势,对比分析了三种组合式网箱及其网格式锚绳系统:单体网箱系统,双体网箱系统和四体网箱系统。如图 4.32 所示,单体网箱系统、双体网箱系统与四体网箱系统中网箱的几何与力学特性是相同的,分析的网箱及其锚绳系统的几何参数与纯波条件下的参数相同。单体网箱系统与双体网箱系统、四体网箱系统相比,只是沿 x 方向缩短了,其他的参数都是相同的。

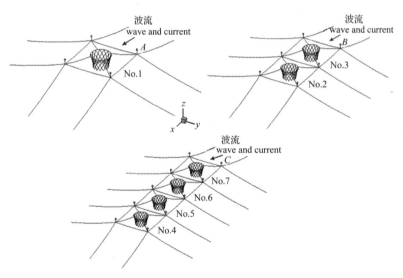

图 4.32 单体网箱系统、双体网箱系统和四体网箱系统示意图

Fig. 4.32 Schematic diagram of single-cage, double-cage and four-cage systems

如图 4.32 所示,对于正向入射的波流,波浪和水流沿 x 负方向入射,位于上游的锚固锚绳的张力是最大的,分析了锚固锚绳 A 点、B 点和 C 点处的锚绳张力。

在波流联合作用下,经过 10 s 的数值模拟,组合式网箱及其锚绳系统的动力响应达到了稳定状态,图 4.33 给出了稳态时单体网箱系统、双体网箱系统和四体网箱系统的锚固锚绳 A 点、B 点及 C 点处张力的时间过程线。

单体网箱系统的锚固锚绳最大张力值为 0.23 N,四体网箱系统锚固锚绳的最大张力值为 0.67 N。相比于单体网箱锚绳系统的最大张力值,四体网箱系统锚绳的最大张力值增加了 $(0.67-0.23)/0.23=1.91$。四体网箱系统锚绳最大张力值小于 4 倍单体网箱系统锚绳最大张力值,主要有两个原因:各个网箱上的水动力荷载存在相位差;侧向锚固锚绳也可以承担网箱的部分水动力荷载。

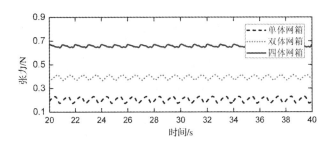

图 4.33 单体网箱系统、双体网箱系统和四体网箱系统的锚固锚绳张力的比较

Fig. 4.33 Comparison on the anchor line tension for single-cage,
double-cage and four-cage systems

在波流联合作用下,网衣的变形较为严重,会明显影响养殖鱼群的存活率。由于网衣对于水流的阻滞作用,位于上游网箱受到

的水动力荷载最大,相应的变形也最严重,本文给出了图 4.32 中最上游的网箱的体积折减系数。图 4.34 给出了三种组合式网箱最上游网箱的体积折减系数,单体网箱系统、双体网箱系统及四体网箱系统的网箱折减系数的最大值分别为 70.6%,64.3% 和63.5%。网箱体积折减系数的不同是由于单体网箱系统、双体网箱系统和四体网箱系统中浮架的运动响应的不同。单体网箱系统、双体网箱系统和四体网箱系统的体积折减系数的变化幅值分别为 14.7%,14.7% 和 14.5%。基于上述分析,如果锚绳系统能够提供足够强度承受网箱的水动力荷载,四体网箱系统相对而言是个较好的选择。

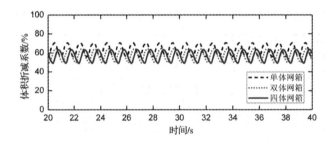

图 4.34　单体网箱系统、双体网箱系统和四体网箱系统的体积折减系数的比较
Fig. 4.34　Comparison on the net cage volume reduction coefficient for single-cage, double-cage and four-cage systems

　　组合式网箱布置在离岸海域受到波浪和水流的共同作用,本节内容分析了各种影响因素对于网箱荷载的贡献度,包括波高、周期以及流速的影响。根据网箱设置海域常见波况,设计了 3 组波高分别为 8 cm,10 cm 和 12 cm;3 组周期分别为 1.0 s,1.2 s 和1.4 s;4 组流速分别为 0 cm/s,5 cm/s,10 cm/s 和 15 cm/s,上述参数的组合就构成了本节分析的所有波况。

图 4.35 给出了波流联合作用下四体网箱系统锚固锚绳最大张力值。结果表明：随着水流流速的增加，锚绳张力增加；随着波高的增加，锚绳张力也增加；锚绳张力受波浪周期的影响较小，随着波浪周期的增加，锚绳张力有所减小，但是减小得比较少。

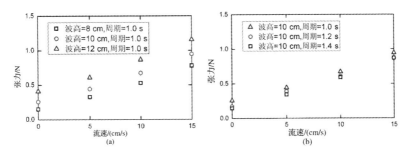

图 4.35　四体网箱系统锚固锚绳最大张力值

Fig. 4.35　Maximum mooring line tension for a four-cage system

相同波浪条件下，0 cm/s 与 15 cm/s 水流作用下锚固锚绳张力的最大差值为 0.747 N；在水流流速相同、波浪周期相同的条件下，波高为 8 cm 和 12 cm 的波浪作用下锚固锚绳张力的最大差值为 0.379 N；波浪周期对于锚固锚绳张力的影响非常小。上述分析表明：各荷载因子对网箱荷载的贡献排序为：流速＞波高＞周期。

4.4.4　波流斜向入射

前文分析了组合式网箱及其网格式锚绳系统在正向入射的波流作用下的水动力响应，外海的波浪和水流的入射方向可能存在一定的夹角，下面将分析波浪和水流斜向入射条件下组合式网箱及其锚绳系统的水动力响应。

　　首先，分析波浪与水流共线的工况。考虑两种工况：第一种工况，波浪和水流都沿 x 方向传播；第二种工况，波浪和水流都沿 y 方向传播。图 4.36(a) 和图 4.36(b) 分别表示波流沿 x 和 y 方向传播时锚固锚绳张力分布，锚固锚绳的最大张力值分别为 0.67 N 和 0.48 N。波流沿 x 方向传播时的锚固锚绳最大张力明显大于波流沿 y 方向传播时锚固锚绳的最大张力。

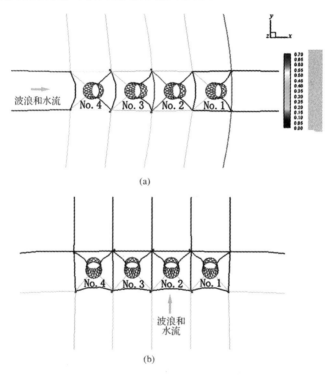

图 4.36　波流沿 x 与 y 轴传播时锚固锚绳张力

Fig. 4.36　Mooring line tension forces when waves and current

propagate along the x and y axes

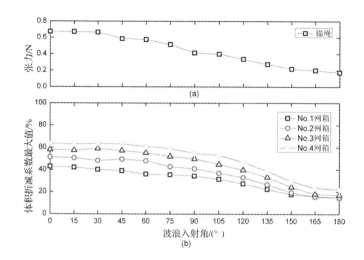

图 4.37　四个网箱锚固锚绳最大张力值与网箱体积折减系数的最大值

Fig. 4.37　Maximum tension force on anchor line and maximum volume

reduction coefficient of four cages

　　其次,考虑了波浪与水流不共线的情况。基于上述分析,波流沿 x 方向传播时张力较大,下面只分析水流沿 x 方向传播,波浪沿着不同的方向传播,与水流之间的夹角为 α。

　　对于波流联合作用下组合式网箱及其锚绳系统,随着波浪入射方向的改变,锚固锚绳最大张力的位置也会发生改变。下面将给出不同方向入射波浪条件下锚固锚绳的最大张力。图 4.37 表示锚固锚绳的最大张力值和四体网箱系统的体积折减系数的最大值。结果表明:波浪入射角为 0° 时,锚固锚绳张力值最大;波浪入射角从 0° 变化到 30° 时,锚固锚绳的最大张力变化很小;从 30° 到 180°,锚固锚绳最大张力一直在下降。对于网箱的变形,当波浪入射角为 0° 时,网箱的体积折减系数最大,随着波浪入射角的增大,网箱的体积折减系数减小。当波浪入射角为 0° 时,锚固锚绳的张力最大,网衣的变形最严重。在布置组合式网箱及其锚绳系统时,需要充分考虑当地的海洋环境,选择一个合适的波浪入射角,以达到减小锚固锚绳张力,改善网箱变形的效果。Loland[9] 的研究表明,网衣的存在会影响水流的流速,本文考虑了网衣对于水流流速的折减,假定水流经过网衣之后,流速折减为原来流速的 85%,因此位于上游的 No.4 网箱的变形应最为严重。

4.5 锚碇形式的比较

锚绳系统的设计和安装对于建立安全可靠的水产网箱养殖场是十分关键的,本节利用数值模拟的方法分析了组合式网箱常见的锚碇形式。首先对两列布置的四体网箱的锚碇形式进行分析比较,包括"井"字型和"米"字型的锚碇系统;之后对单列布置的四体网箱系统的两点锚碇系统和正交多点锚碇系统进行分析。

4.5.1 "井"字型和"米"字型锚碇系统

图 4.38 表示组合式网箱的"井"字型和"米"字型锚碇系统。两种锚碇系统的不同之处在于网格的四个角点处。对于"井"字型锚碇系统,在网格的角点处,两个相互垂直的锚固锚绳连接下潜的方形网格至水底;对于"米"字型锚碇系统,在网格的角点处,只有一根锚固锚绳连接下潜的方形网格至水底。

本节比较了"井"字型和"米"字型锚碇系统在纯流条件下的锚绳张力,水流沿 x 轴负方向传播,流速为 12.5 cm/s。图 4.39 表示

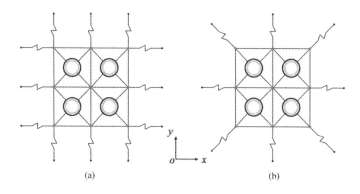

图 4.38 两种锚绳布置方式

Fig. 4.38 The layout of two types of mooring line arrangements

组合式网箱及其锚绳系统在水流作用下的变形,在水流的作用下, 锚绳的布置方式只影响锚绳的位移和受力,不影响网箱的变形。 对于"井"字型锚碇系统,在水流的作用下,上游的网格锚绳 A-D-G 处于松弛状态,下游的网格锚绳 C-F-I 处于张紧状态;对于"米" 型锚碇系统,上游的网格锚绳 A-D-G 处于张紧状态,下游的网格锚 绳 C-F-I 处于松弛状态。对于两种锚绳布置方式,锚绳的最大张 力相差较小,网箱及锚绳系统的整体变形也很接近。

对于"井"字型和"米"字型锚碇系统,分析了不同方向入射的 水流条件下的锚绳最大张力。如图 4.40 所示,在水流作用下, "井"字型锚绳布置方式下的锚绳最大张力小于"米"字型锚碇系统 的锚绳最大张力。当水流入射角为 45°时,二者的差别最大。对于 "井"字型锚碇系统,锚绳最大张力随着水流入射角的增加而减小, 对于"米"字型锚碇系统,水流入射角的增加对锚绳的最大张力影 响很小。

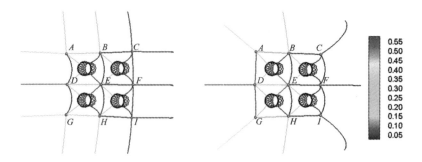

图 4.39　两种锚绳布置条件下锚绳张力

Fig. 4.39　The mooring line tension forces for two types of mooring
line arrangements

对于"井"字型和"米"字型锚碇系统,分析了不同波浪入射方向条件下的锚绳最大张力。入射的波浪条件为:波高 15 cm,周期 1.6 s。图 4.41 给出了不同入射方向的波浪作用下"井"字型和"米"字型锚碇系统的锚绳最大张力。在波浪作用下,"井"字型锚碇系统的锚绳最大张力小于"米"字型锚碇系统,波浪入射角为 45°时,二者的差别最大。当波浪入射角为 0°时,两种锚绳布置方式下的锚绳最大张力相差较小,张力差值为 0.44 N−0.397 N=0.043 N;当波浪入射角为 45°时,两种锚绳布置方式下的锚绳最大张力相差较大,张力差值为 0.448 N−0.295 N=0.153 N。与水流条件下类似,对于"井"字型锚碇系统,锚绳张力的最大值随着波浪入射角的增加而减小;对于"米"字型锚碇系统,波浪入射角对锚绳最大张力的影响较小。

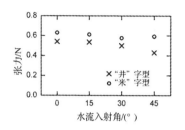

图 4.40 不同水流入射方向时的
锚绳张力最大值

Fig. 4.40 Maximum mooring line
tension forces for different
current incident angles

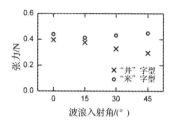

图 4.41 不同波浪入射方向时的
锚绳张力最大值

Fig. 4.41 Maximum mooring line
tension forces for different
wave incident angles

4.5.2 两点锚碇系统和正交锚碇系统

图 4.42 描述了单列布置的四体网箱系统的两点锚碇系统和正交锚碇系统。两点锚碇系统是较为简单的锚碇系统,锚绳只是连接着漂浮系统的两端,只需要前部和后部锚绳;然而,目前最常用的锚碇系统还是正交锚碇系统。正交锚碇系统由四组锚绳构成。两组锚绳平行于 x 轴,即纵向锚绳;另外两组锚绳平行于 y 轴,即侧向锚绳。对于正交锚碇系统而言,整个锚碇系统存在大量的锚绳用以保持网箱的位置,锚碇系统的刚度较大,在海洋环境荷载的作用下,浮架和网衣可能会破裂。对比分析了两点锚碇系统和正交锚碇系统的锚固锚绳的最大张力和网箱的体积折减系数。输入的波流条件为:波高 10 cm,周期为 1.0 s,流速为 10 cm/s,波流沿 x 轴负方向入射。两点锚碇系统的几何尺寸如图 4.43 所示,正交锚碇系统与图 4.8 相同,两种锚碇形式的网箱之间的间距是

相同的,都为 1000 mm。

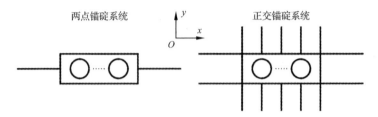

图 4.42 两点锚碇系统和正交锚碇系统

Fig. 4. 42   The two-point mooring system and the orthogonal mooring system

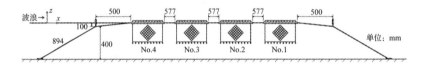

图 4.43 两点锚碇系统的布置

Fig. 4. 43   The setup of the two-point mooring system

图 4.44 给出了两种锚碇系统的迎浪面锚固锚绳的张力时间过程线。两点锚碇系统的锚固锚绳最大张力为 1.31 N,为正交锚碇系统的锚固锚绳最大张力(0.67 N)的两倍。此结果较为合理,因为正交锚碇系统由两根迎浪面的正向锚固锚绳承受网箱上的荷载,而两点锚碇系统仅由一根锚固锚绳承担网箱的荷载。侧向锚绳对于网箱受到的环境荷载几乎没有影响,两点锚碇系统和正交锚碇系统条件下,四体网箱受到的环境荷载基本相同。

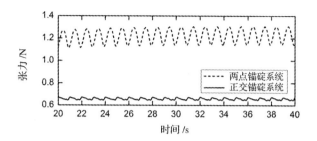

图 4.44 两种锚碇系统条件下的锚固锚绳张力

Fig. 4.44 Tension force on the anchor lines for

two kinds of mooring systems

两点锚碇系统的锚固锚绳张力变化幅值大于正交锚碇系统的张力变化幅值。根据 Huang 和 Pan[139]，锚固锚绳张力的平均值和变化幅值都会影响锚固锚绳的疲劳，由于两点锚碇系统的锚固锚绳张力变化幅值和平均值都较大，发生疲劳破坏风险也较高。

图 4.45 给出了两种锚碇系统条件下的网箱体积折减系数。对于两点锚碇系统，四个网箱的体积折减系数的平均值分别为 40.0%、46.0%、52.6% 和 50.1%。对于正交锚碇系统，四个网箱的体积折减系数的平均值分别为 38.5%、44.2%、50.6% 和 56.7%。结果表明：两种锚碇形式下的网箱体积折减系数的平均值较为接近，但是体积折减系数的变化幅值存在明显差别，鱼群的生长需要一个较为稳定的空间，较大的网箱体积变化幅值不利于鱼群的生长，因此，正交锚碇系统的网箱能够提供一个较大的养殖空间。

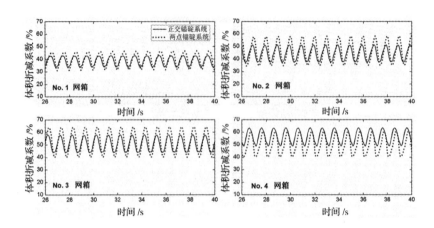

图 4.45　两种锚碇系统条件下的网箱体积折减系数

Fig. 4. 45　Net cage volume reduction coefficients for the two kinds of mooring systems

5 可下潜式网箱的数值模拟

近年来,世界各国越来越多的渔民选择将网箱布置在离岸海域,主要是基于以下几个方面的原因:

第一,缺乏适合养殖的近岸海域。养殖网箱与旅游者以及近海海域其他产业之间存在用地冲突,大量用于贝类养殖的筏式养殖系统已经布置在了离岸海域。

第二,相比于近岸海域,布置在离岸海域的网箱造成的海洋环境污染要小得多,相应的养殖鱼类的品质也能得到大幅度的提升。

第三,近岸海域受到的污染越来越严重,变得不适合鱼类养殖。

第四,从长远考虑,海洋水产养殖产业的发展必须依赖可靠性更高的离岸抗风浪网箱。

然而,当网箱布置在深水海域时,网箱受到的海洋环境也变得更加恶劣。为了设计能够承受外海恶劣环境的网箱及其锚碇系统,需要更严格的设计标准和更成熟的工程方法。一种非常有效的办法就是发展可下潜式网箱系统。

对于海洋石油产业,可以通过增加钢材和混凝土的使用量来抵抗强风浪产生的荷载,但是对于离岸深水网箱而言,Forster[140]认为上述方式在经济上是不可行的。可下潜式网箱的制造技术最好能够结合传统漂浮网箱的一些优点,例如,传统网箱在养殖期内易于操作和管理。为了对可下潜式网箱设计提供理论支撑,本文对可下潜式网箱进行了系统的分析和研究。

5.1 单点锚碇和多点锚碇系统

介绍了两类锚碇方式:第一类为单点锚碇形式,如图 5.1 所示;第二类为多点锚碇形式,如图 5.2 所示。

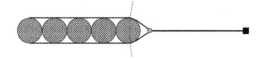

图 5.1 单点锚碇的网箱系统

Fig.5.1 Net cage system with single-point mooring system

对于单点锚碇的网箱而言,其建造成本费非常低,网箱能够随着水流和波浪方向的改变而绕着锚点 360°旋转;在波浪和水流的作用下,网箱的活动范围非常大,在海底沉积的鱼饵残渣的分布范围也相对较大,对于海洋环境的影响会减小;在大浪强流作用下,网箱能够自动下潜,由于网箱的下潜,锚绳的张力也不至于增加太多而发生破坏;网箱锚绳系统的锚绳张力富余量较小,一旦锚绳断裂,整个网箱系统将发生致命的破坏;由于网箱在水流的作用下呈线性布置,位于下游的网箱水质很难得到保证,对于网箱中养殖的鱼群生存不利;网箱之间的相互碰撞也可能造成网箱的破坏。

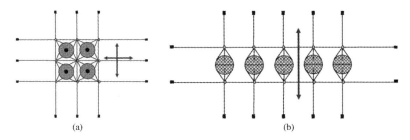

图 5.2　多点锚碇的网箱系统

Fig. 5.2　Net cage system with multi-point mooring system

对于组合式网箱而言,采用如图 5.2 所示的多点锚碇系统,其建造成本较低,建造过程中要求对于锚固点进行精确的定位。采用多点锚碇系统的网箱能够抵抗来自各个方向的水流和波浪的作用,而不发生大的位移。由于锚绳的破坏存在联动效应,如果其中的一根锚绳发生破坏之后,锚绳系统的张力将进行重新分布,可能导致锚绳系统发生多米诺式的破坏。此外,网箱中养殖鱼群的排泄物造成的污染也很难在短时间内得到有效的扩散,从而导致鱼群疾病的传播。

下文将详细介绍上述的单点锚碇网箱系统和多点锚碇网箱系统在波浪和水流作用下的网箱水动力特性,将网箱在下潜状态下的水动力特性与漂浮状态下的水动力特性进行对比。

5.2　单点锚碇网箱系统

本节分析了单点锚碇条件下的单体网箱系统。如图 5.3 所示,单点式锚碇系统包括锚固锚绳、连接锚绳和浮子锚绳。连接浮架的锚绳为上部连接锚绳,连接底圈的锚绳为下部连接锚绳,分析了下部连接锚绳对于网箱及其单点锚碇系统的动力响应的影响,研究了前部刚体框架和连接点深度对于网箱及其单点锚碇系统动力响应的影响。

5.2.1 改进的单点锚碇系统

对于网箱及其单点锚碇系统,分析如图 5.3 所示的单体网箱及其单点锚碇系统。输入的波浪和水流条件为:小浪弱流,波高 10 cm,周期 1.0 s,流速 10 cm/s;大浪强流,波高 15 cm,周期 1.0 s,流速 20 cm/s。图 5.3 给出了单体网箱的单点锚碇系统的几何参数,网箱的几何参数可以参见表 4.2。

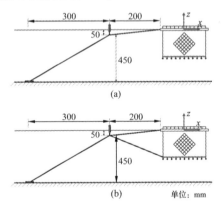

图 5.3 单体网箱的单点锚碇系统

Fig. 5.3 The single-point mooring system for single net cage

图 5.4 给出了单体网箱及其单点锚碇系统在波流联合作用下网箱的变形和锚固锚绳的最大张力。结果表明:在小浪弱流的作用下,网箱处于漂浮状态,随着波浪和水流强度的增加,网箱能够

自动下潜至水面以下,从而避免网箱发生严重的破坏。

漂浮状态下,两种锚绳布置方式的锚绳最大张力分别为 0.62 N 和 0.87 N;下部连接锚绳的存在可以减小底圈的倾角,同时减小了网箱的变形,增加了网箱的迎流面积,因而相应的锚固锚绳的最大张力也随之增加。

对于两种锚绳布置方式,下潜状态下的锚固锚绳最大张力分别为 1.42 N 和 1.98 N,都大于飘浮状态下的锚固锚绳最大张力。在下潜状态下,下部连接锚绳的存在,使得锚固锚绳的最大张力增加较大。虽然下部连接锚绳能够减小底圈的倾角,但是却无法有效地改善网箱的养殖体积。

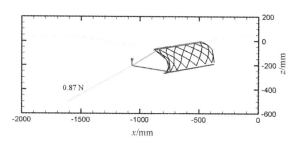

(a)波高=10 cm,周期=1.0 s,流速=10 cm/s

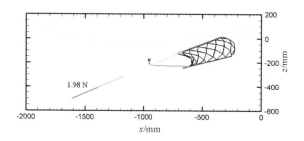

(b)波高=15 cm,周期=1.0 s,流速=20 cm/s

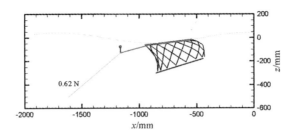

(c)波高＝10 cm，周期＝1.0 s，流速＝10 cm/s

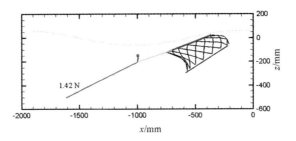

(d)波高＝15 cm，周期＝1.0 s，流速＝20 cm/s

图 5.4　变形最严重时刻的单点锚碇网箱的变形

Fig. 5.4　Deformation of the single-point-mooring net cage systems at the instant of
the most serious net-volume deformation occurring.

　　图 5.4(b)表明在上部和下部连接锚绳的拉力作用下，浮架和底圈之间的距离随之减小，从而整个网箱的养殖体积也将变小。为了有效改善网箱的变形，设计了如图 5.5 所示的锚碇系统，在上部连接锚绳和下部连接锚绳之间增加一个矩形框架。

　　在数值模拟中，矩形框架被视为刚体，采用 2.2 节给出的浮架运动方程来模拟矩形框架的运动，运动方程中的惯性矩计算参见附录 B。图 5.6 给出的是包含前部刚体框架的单体网箱及其单点锚碇系统的几何示意图，为了分析刚体框架对网箱变形及锚绳张

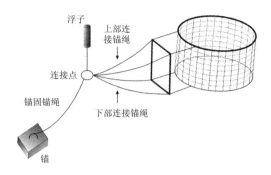

图 5.5　含刚性框架的单点锚碇单体网箱系统

Fig. 5.5　A single-point-mooring net cage system

with a frontal rigid frame

力的影响,将图 5.3(a)的锚碇形式及图 5.6 的锚碇形式进行了比较。

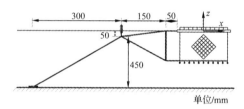

图 5.6　含刚性框架的锚绳系统

Fig. 5.6　The mooring system with a frontal rigid frame

　　图 5.7 给出了改进的单点锚碇系统的最大锚绳张力及相应的网箱变形。将图 5.7 的结果与图 5.4 的结果进行对比,结果表明刚体框架的存在,比单纯地增加一根下部连接锚绳能够更有效地改善网箱的变形,同时锚固锚绳的最大张力也不至于增加太多。

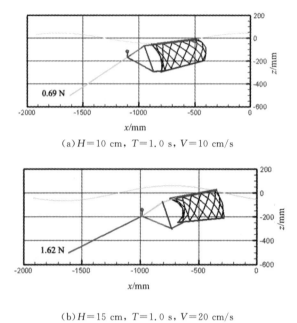

(a)$H=10$ cm，$T=1.0$ s，$V=10$ cm/s

(b)$H=15$ cm，$T=1.0$ s，$V=20$ cm/s

图 5.7　变形最严重时的单点锚固网箱

Fig. 5. 7　The single-point-mooring net cage systems at the instant

of the most serious net-volume deformation occurring

5.2.2　连接点深度的影响

上述分析表明,前部的刚体框架能够有效地改善网箱的变形。对于图 5.6 所示的锚绳系统,网箱的变形与框架和底圈的锚点之间的距离有关,浮架与底圈之间锚点的距离减小将增加网箱的变形。考虑了三种连接点下潜深度(50 mm,125 mm,200 mm),分析了连接点的下潜深度对于锚绳张力和网箱变形的影响。

分析了单体网箱及其单点锚碇系统在下潜状态下,连接点的深度对于锚绳张力和网箱变形的影响。采用的波况为:波高 15 cm,周期 1.0 s,流速 20 cm/s。

表 5.1 给出了连接点深度对于网箱变形和锚绳张力的影响。结果表明:尽管锚绳连接点的深度对于锚固锚绳的最大张力影响很小,但是网箱的变形受到明显影响。当连接点的深度为 125 mm 时,网箱的变形是最小的。这个结果是合理的,因为当连接点的深度为 125 mm 时,上部连接锚绳和下部连接锚绳的长度是相等的,刚体框架处于垂直状态,浮架和底圈锚点之间的距离是最大的,因而网箱的变形最小。

表 5.1 连接点下潜深度对于网箱变形和锚绳张力的影响

Tab. 5.1 Influence of submerged depth of junction point on the deformation of net cage and mooring line tension force

连接点下潜深度 (mm)	体积折减系数 最大值(%)	上部/下部连接锚绳 张力最大值(N)	锚固锚绳张力 最大值(N)
50	28.1	0.67/0.35	1.62
125	25.5	0.61/0.43	1.63
200	30.8	0.49/0.49	1.62

随着锚绳连接点深度的增加,上部连接锚绳的张力减小,下部连接锚绳的张力增加。当连接点的深度为 200 mm 时,上部连接锚绳的最大张力与下部连接锚绳的最大张力相同。

5.2.3 单点锚碇条件下组合式网箱的下潜

前文分析了单点锚碇条件下单体网箱的下潜特性,本节将分析单点锚碇条件下组合式网箱的下潜特性,对单体网箱和双体网箱的水动力响应进行比较。

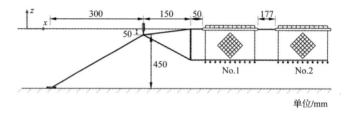

图 5.8　双体网箱的单点锚碇系统

Fig. 5.8　The single-point mooring system for the double-net-cage

图 5.8 表示单点锚碇条件下的双体网箱的几何图,为了便于描述计算结果,对网箱进行编号。如图所示,双体网箱与单体网箱的单点锚碇系统的几何条件相同,只是沿 x 方向的网箱数量不同。波流工况与 5.2.1 节的工况相同:小浪弱流,波高 10 cm,周期 1.0 s,流速 10 cm/s;大浪强流,波高 15 cm,周期 1.0 s,流速 20 cm/s;波浪和水流从 x 轴负方向入射。

图 5.9 表示单体网箱和双体网箱在小浪弱流作用下浮架的升沉运动响应。结果表明,在小浪弱流作用下,单体网箱不会下沉至水面以下,双体网箱的 No.1 号网箱能够下潜至水面以下,但是 No.2 号网箱始终位于水面处。结果是合理的,对于单点锚碇的双体网箱而言,No.1 号网箱受到 No.2 号网箱的拉力作用,能够下沉至水面以下,位于下游的网箱的升沉运动响应的幅值大于位于上

游的网箱的升沉运动响应。总体而言,双体网箱的升沉运动响应幅值小于单体网箱的升沉运动响应幅值。

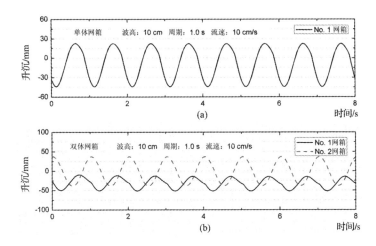

图 5.9　单点锚碇条件下单体和双体网箱在小浪弱流作用下浮架的升沉运动

Fig. 5. 9　The heave motion of floating collar for the single-net-cage and

double-net-cage structure with single point mooring when subjected to

small waves and current

图 5.10 表示单体网箱和双体网箱在大浪强流作用下浮架的升沉运动响应。结果表明:在大浪强流作用下,单体网箱能够下沉至水面一下;对于双体网箱而言,与小浪弱流条件类似,在大浪强流作用下,双体网箱的 No.1 号网箱能够下潜至水面以下,但是 No.2 号网箱没有完全下潜至水面以下。总体而言,相较于小浪弱流的情况,大浪强流作用下网箱的下潜深度明显增加。

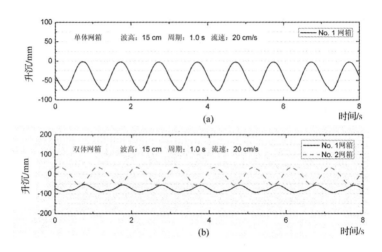

图 5.10　单点锚碇条件下单体和双体网箱在大浪强流作用下浮架的升沉运动

Fig. 5.10　The heave motion of floating collar for the single-net-cage and

double-net-cage structure with single point mooring when

subjected to large waves and current

下文将比较单点锚碇条件下,单体网箱和双体网箱的网箱变形情况。图 5.11 表示单点锚碇条件下,单体网箱和双体网箱的网箱体积折减系数。如表 5.2 所示,分析了网箱体积折减系数的最大值,平均值和变化幅值。结果表明:总体而言,大浪强流条件下,网箱的变形比小浪弱流条件下网箱的变形更严重。从网箱体积折减系数的最大值和平均值来看,双体网箱的 No.1 号网箱的变形小于单体网箱的变形,双体网箱的 No.2 号网箱的变形大于单体网箱的变形。从前文分析可知,双体网箱的 No.1 号网箱的下潜深度大于单体网箱,双体网箱的 No.2 号网箱的下潜深度小于单体网箱,因此,网箱变形的结果是合理的。

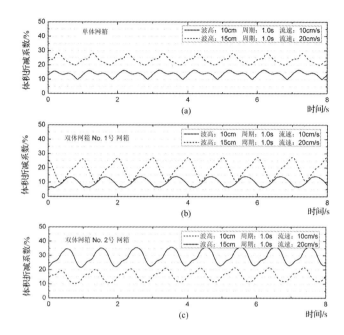

图 5.11　单点锚碇条件下单体网箱和双体网箱的网箱体积折减系数

Fig. 5.11　The volume reduction coefficient of net cage for the single-net-cage
and double-net-cage structure with single point mooring

表 5.2　网箱体积折减系数的最大值、平均值和变化幅值

Tab. 5.2　The peak, mean and amplitude value of volume reduction coefficient of net cage

体积折减系数(%)	最大值	平均值	变化幅值
小浪弱流单体网箱	16.43	13.79	6.40
小浪弱流双体网箱 No.1 网箱	13.56	9.71	7.39
小浪弱流双体网箱 No.2 网箱	19.37	14.59	9.10
大浪强流单体网箱	28.11	23.52	8.12
大浪强流双体网箱 No.1 网箱	26.15	17.98	17.02
大浪强流双体网箱 No.2 网箱	34.66	28.03	13.04

最后,本节分析了单点锚碇条件下,单体网箱和双体网箱的锚绳最大张力,图 5.12 表示单体网箱和双体网箱的锚绳张力响应。结果表明:大浪强流条件下,锚绳的最大张力大于小浪弱流条件下的锚绳最大张力。在小浪弱流条件下,单体网箱和双体网箱的锚绳最大张力分别为 0.69 N 和 1.15 N,在大浪强流条件下,单体网箱和双体网箱的锚绳最大张力分别为 1.62 N 和 2.85 N;双体网箱的锚绳最大张力约为单体网箱锚绳最大张力的 1.8 倍,双体网箱的锚绳最大张力小于单体网箱锚绳最大张力的两倍,是由于双体网箱的下潜深度以及网箱的姿态与单体网箱不同。

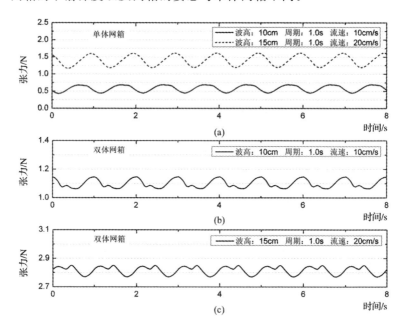

图 5.12　单点锚碇条件下单体网箱和双体网箱的锚绳张力响应

Fig. 5.12　The mooring line tension response for the single-net-cage and double-net-cage structures with single point mooring

5.3　多点锚碇网箱系统

对于常用的网箱及其多点锚碇系统,分析了多点锚碇系统连接的网箱的下潜特性。如图 5.13 所示,为了避免网箱及其锚绳系统遭到毁灭性的破坏,当网箱遭遇台风时,可以采用向浮架中注水,使得网箱能够下潜至水面以下。渔场的管理人员利用自动化控制系统压缩空气或者水流进入浮架用以控制网箱的上升和下潜,网箱的下潜过程中最重要的是控制浮架的倾角,使得网箱中的养殖鱼群不至于在下潜过程中发生大面积损伤和死亡。

分析了网箱及其多点锚碇系统在漂浮和下潜状态下的浮架运动、网衣变形和锚绳张力,并对其进行比较。分析的网箱与 5.2 节给出的单点锚碇条件下的网箱几何参数相同。为了使网箱能够下潜至水面以下,将 58.5 g 水注入浮架,浮架中注水的质量将影响连接锚绳的张力,本文考虑浮架中注满了水,注水之后的浮架线密度为 29.8 g/m,因此,浮架的浮力将会小于其自身的重力,浮架将下潜至水面以下。

采用的波况为:波高 14 cm,周期 1.6 s。如图 5.13 所示,采用 d_f/h 描述浮架的相对下潜深度,其中 d_f 为浮架中心至静水面的距离,水深 h 为 0.5 m。浮架的下潜深度 d_f 由水下网格平台的深度确定,通常为水下网格平台的下潜深度 d_g 的两倍,锚绳系统的锚固点的位置不变。

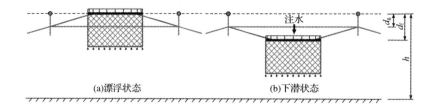

图 5.13　重力式网箱漂浮及下潜状态示意图

Fig. 5.13　Schematic diagram of gravity net cage for the floating mode

and submerged mode

5.3.1　网箱运动响应

分析了单体网箱及其多点锚碇系统在漂浮和下潜状态下的浮架升沉(heave)、纵荡(surge)、纵摇(pitch)和网箱的变形。浮架的下潜深度 d_f 为 0.2 m,水深 h 为 0.5 m,d_f/h 比值为 0.4。

图 5.14 给出了在漂浮和下潜状态下浮架的升沉、纵荡和纵摇运动响应。结果表明:在下潜状态下,浮架的升沉和纵摇运动响应明显小于漂浮状态下浮架的升沉和纵摇运动响应,然而漂浮和下潜状态下浮架的纵荡运动的差别很小。

一般而言,下潜状态下浮架的纵荡运动幅值小于漂浮状态下浮架的纵荡运动幅值,但是实际的结果却并非如此。原因如下:浮架的运动幅值与其受到外荷载的大小有关,采用 Morison 公式计算浮架受到的水动力时,需要考虑水质点的速度和浮架结构的迎流面积;如图 5.15 所示,浮架的法向迎流面积为 $d_h \times l$,其中 l 为浮架水下部分管段的长度,浮架在漂浮条件下沿水质点水平速度方向的投影面积(迎流面积)小于下潜状态下的迎流面积;水面处水质点的速度最大,随着深度的增加而减小。当计算漂浮条件下浮架受到的波浪力,采用的水质点速度较大,但是投影面积较小;然

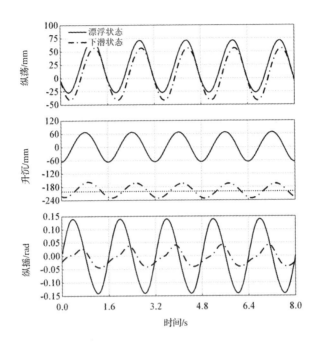

图 5.14 飘浮状态与下潜状态时浮架的运动响应

Fig. 5.14 The motion response of floating collar for the floating mode
and submerged mode

而,在计算下潜条件下浮架受到的波浪力时,采用的水质点速度较小,但是投影面积较大。浮架在漂浮和下潜状态下受到的波浪力差别较小,因而漂浮和下潜条件下浮架的水平运动差别较小是合理的。

网箱可以为养殖鱼群提供一个封闭的空间,避免野生鱼群对于养殖鱼群的侵袭。采用网箱的体积折减系数 C_{tr} 来描述网箱的变形,$C_{tr} = (V_0 - V_t)/V_0$,V_0 为网箱的初始体积,V_t 为网箱在波浪作用下的瞬时体积。图 5.16 表示网箱在漂浮和下潜状态下网箱的体积折减系数。在漂浮和下潜状态下,网箱的体积折减系数的

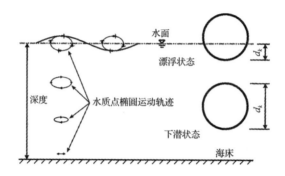

图 5.15　飘浮状态与下潜状态时浮架入水部分的
水平投影面积和水质点的运动轨迹

Fig. 5. 15　Horizontal projected area of floating collar and water particle

orbital motion for the floating mode and submerged mode

最大值分别为 31％和 21％。结果表明:在漂浮条件下,网箱的变形
非常严重,当网箱下潜至水面以下,网箱的变形能够得到极大的改
善。在下潜状态下,网箱体积折减系数的变化幅值也小于漂浮状
态下的变化幅值。在下潜状态下,网箱能够保持一个较大的、相对
稳定的养殖空间,更有利于养殖鱼群的生存。

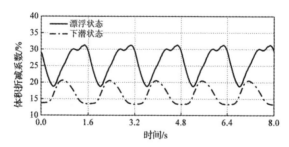

图 5.16　飘浮状态与下潜状态时网箱的体积折减系数

Fig. 5. 16　Volume reduction coefficient of net cage for the floating mode

and submerged mode

5.3.2 锚绳张力响应

锚绳张力的计算对于网箱及其锚绳系统的设计极其重要,分析了单体网箱及其多点锚碇系统在漂浮和下潜状态下锚绳的张力响应。图 5.17 和图 5.18 分别给出了锚固锚绳、连接锚绳、网格锚绳和浮子锚绳在漂浮和下潜状态下的张力时间过程线。该时间过程线不包括初始张力,其中的负值表示的是锚绳张力小于锚绳的初始张力。

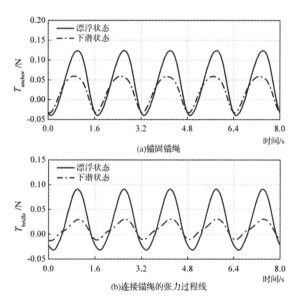

图 5.17　漂浮和下潜条件下锚固锚绳和连接锚绳的张力

Fig. 5.17　Tension forces on the anchor line and bridle line for the

floating and submergence conditions

结果表明:随着网箱下潜至水面以下,锚固锚绳、连接锚绳和网格锚绳的最大张力都将减小,但是浮子锚绳的最大张力将增加。

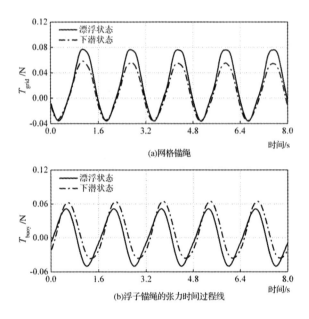

图 5.18　漂浮和下潜条件下网格锚绳和浮子锚绳的张力

Fig. 5. 18　Tension forces on the grid line and buoy line for the

floating and submergence conditions

因为在漂浮条件下,浮架提供了整个网箱的主要浮力,网衣和锚绳的重力主要由浮架的浮力来平衡;在下潜状态下,整个网箱系统的重力由位于网格节点上方的浮球的浮力来平衡。因此,在下潜状态下,浮子锚绳的张力大于漂浮状态下浮子锚绳的张力是合理的。

漂浮状态下锚固锚绳、连接锚绳和网格锚绳的张力变化幅值大于下潜状态下的张力变化幅值,但是漂浮状态与下潜状态下浮子锚绳的张力变化幅值差别较小。

5.3.3　波陡、波长浮架直径比的影响

为了详细地分析波陡、波长浮架直径比对于网箱水动力特性

的影响,如表 5.3 所示,考虑了三种波陡($\varepsilon = 0.1, 0.15$ 和 0.2)和八种波长浮架直径比($\lambda/D_f = 1, 2, \cdots, 8$)。其中,波陡的定义为 $\varepsilon = k_A$,k 为波数,A 为波幅。

表 5.3　不同的波陡、波长与网箱直径比的波况

Tab. 5.3　Wave conditions with different wave steepness and wave-length to net cage diameter ratio

$T[s]$	$\lambda[m]$	$H[cm]$			λ/D_f
		$\varepsilon = 0.1$	$\varepsilon = 0.15$	$\varepsilon = 0.2$	
0.520	0.423	1.346	2.02	2.693	1
0.737	0.846	2.693	4.039	5.386	2
0.928	1.269	4.039	6.059	8.079	3
1.067	1.692	5.386	8.079	10.772	4
1.225	2.115	6.732	10.098	13.465	5
1.387	2.538	8.079	12.118	16.157	6
1.553	2.961	9.425	14.138	18.850	7
1.724	3.384	10.772	16.157	21.543	8

由于锚固锚绳的最大张力大于连接锚绳、网格锚绳和浮子锚绳的最大张力,只分析了锚固锚绳的最大张力。图 5.19 表示不同波陡条件下锚固锚绳的最大张力。结果表明:在漂浮条件下,锚固锚绳的最大张力随着波陡的增加而增加,当波长浮架直径比等于 3 时,锚固锚绳的最大张力值最小;在下潜条件下,波陡对于锚固锚绳最大张力无显著影响,特别是当波长浮架直径比小于 6 时。

图 5.20 和图 5.21 给出了不同波陡、不同波长与网箱直径比的条件下浮架的水平运动幅值和垂直运动幅值。在漂浮状态下,当波长和网箱直径的比值大于 2 时,浮架的水平运动幅值随着波陡

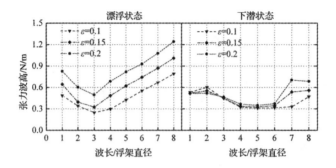

图 5.19　不同波陡条件下,锚固锚绳张力最大值与波长浮架直径比的关系

Fig. 5.19　Relationship between the maximum tension force on anchor lines and the ratio of wave length to diameter of floating collar for different wave steepness

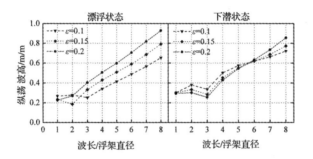

图 5.20　不同波陡条件下,浮架纵荡运动幅值与波长浮架直径比的关系

Fig. 5.20　Relationship between surge motion of float collar to the ratio of wave length to diameter of floating collar for different wave steepness

和波长与网箱直径比值的增加而增加;浮架的垂直运动幅值受波陡的影响较小,浮架的垂直运动随着波长和网箱直径的比值的增加而增加;随着波长与网箱直径比值的增加,浮架垂直运动幅值与入射波高的比值接近 1.0。在下潜状态下,浮架的水平和垂直运动幅值随着波长与网箱的直径比值的增加而增加,波陡对于浮架垂

直运动幅值无明显影响。

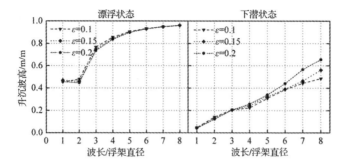

图 5.21 不同波陡条件下,浮架升沉运动幅值与波长浮架直径比的关系

Fig. 5.21 Relationship between heave motion of float collar to the ratio of wave length to diameter of floating collar for different wave steepness

5.3.4 网箱下潜深度的影响

分析表明,网箱的下潜是避免网箱遭受严重破坏的有效方式。对于网格式锚碇系统,网格平台的深度决定了网箱的下潜深度,分析了网箱下潜深度对于锚绳张力和网箱变形的影响。考虑四种不同的网格平台深度,分别为 0.025、0.05、0.075 和 0.1 m,相对网格平台下潜深度 d_g/h 分别为 0.05、0.1、0.15 和 0.2。其中 d_g 为网格的深度,d_f 为下潜状态下浮架的深度和 h 为水深,具体参见图 5.8。对于每一种网格平台的下潜深度,网箱都存在漂浮和下潜状态。分析的波况为:纯波(波高 $H=14$ cm,周期 $T=1.6$ s)和波流联合作用(波高 $H=14$ cm,周期 $T=1.6$ s 和流速 $V=11$ cm/s)。

图 5.22 表示漂浮和下潜状态下的锚固锚绳和连接锚绳的最大张力。在漂浮状态下,网箱受到纯波浪的作用时,锚固锚绳和连接锚绳的最大张力随着 d_g/h 的增加而增加;在波流联合作用下,

当 d_g/h 从 0.15 变化至 0.2 时，锚固锚绳和连接锚绳的最大张力增加非常明显。在下潜状态下，锚固锚绳和连接锚绳的最大张力随着 d_g/h 的增加而减小。锚固锚绳和连接锚绳的最大张力在漂浮状态下和下潜状态下的差值随着 d_g/h 的增加而增加。

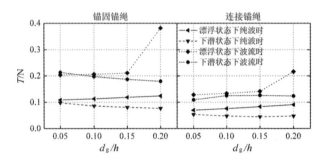

图 5.22　浮架不同下潜深度时锚固锚绳和连接锚绳的最大张力

Fig. 5.22　Maximum value of force on the anchor line and bridle line for different submergence depths of float collar.

当网箱下潜至水面以下时，锚固锚绳和连接锚绳的张力会减小。网格锚绳平台的相对下潜深度 d_g/h 对于锚固锚绳和连接锚绳的张力有明显的影响。在下潜状态下，锚绳的最大张力随着 d_g/h 的增加而减小；但是在漂浮状态下，锚固锚绳和连接锚绳的最大张力随着 d_g/h 的增加而增加；因此，网格锚绳平台相对下潜深度 d_g/h 并不是越大越好，本文建议 d_g/h 的取值范围在 0.05 至 0.1 之间较为合适。

图 5.23 和图 5.24 给出了漂浮和下潜状态下的网箱体积折减系数，考虑了不同的网格平台相对下潜深度 d_g/h。通常，在纯波浪作用下，网箱的下潜能够使得其变形得到有效的改善，然而，在波流联合作用下，网箱的变形并不能得到有效的改善。在波流联合

作用下,网箱的变形比纯波条件下严重得多。在水流较大的海域,网箱的下潜不能有效地改善网箱的变形,网箱不宜布置在水流较大的海域。

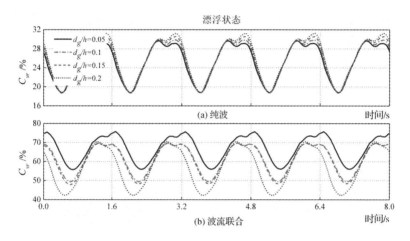

图 5.23　漂浮状态下网箱体积折减系数

Fig. 5.23　Volume reduction coefficient of net cage in the floating condition

在波流联合作用下,网箱处于漂浮状态时,当 $d_g/h = 0.05$,网箱的变形最严重,当 $d_g/h > 0.05$,网格锚绳平台的相对下潜深度 d_g/h 对网箱体积折减系数的影响较小;在下潜状态下,网箱体积折减系数最大值不随 d_g/h 的改变而改变,只有体积折减系数的变化幅值会随着 d_g/h 的增加而增加。

在纯波的条件下,网箱处于漂浮状态时,网格锚绳平台的相对下潜深度 d_g/h 对于网箱的变形影响较小;处于下潜状态时,当网格锚绳平台的相对下潜深度 $d_g/h = 0.05$ 时,网箱的变形是最严重的,当 $d_g/h > 0.05$ 时,d_g/h 对于网箱的变形影响很小。为了避免网箱产生严重的变形,网格锚绳平台的相对下潜深度 d_g/h 应该大

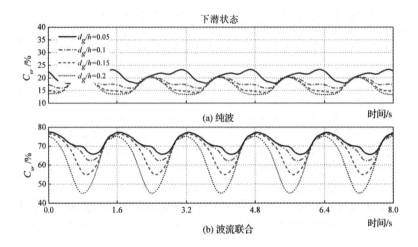

图 5.24　下潜状态下网箱体积折减系数

Fig. 5.24　Volume reduction coefficient of net cage in the submergence

于 0.05。结合前文的分析结果，网格锚绳平台的相对下潜深度 d_g/h 应该在 0.05 至 0.1 之间，建议网格平台的相对下潜深度 d_g/h 取为 0.1。

5.3.5　多点锚碇条件下组合式网箱的下潜

本节分析了图 5.25 所示的多点锚碇条件下的单体网箱、双体网箱和四体网箱的下潜特性，为了方便描述结果，对网箱进行编号，No.1－No.7。网箱和锚绳系统几何和材料参数与 4.4 节的网箱和锚绳相同。网格锚绳平台的水下深度为 0.2 m。分析的波况包括纯波和波流联合，纯波：波高 14 cm，周期 1.6 s；波流联合：波高14 cm，周期 1.6 s，流速 11 cm/s，波流沿 x 轴负方向入射。

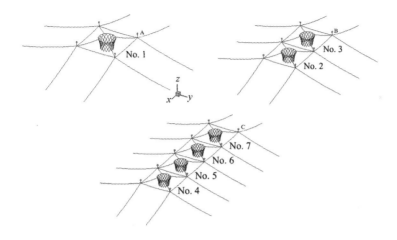

图 5.25　多点锚碇条件下单体、双体和四体网箱示意图

Fig. 5.25　Schematic diagram of single-cage, double-cage and four-cage systems

with the multi-point mooring system

首先考虑锚固锚绳的最大张力，比较了单体网箱、双体网箱和四体网箱在漂浮状态和下潜状态下的锚固锚绳张力。图 5.26 表示纯波和波流联合作用下单体网箱、双体网箱和四体网箱在漂浮和下潜状态下的锚固锚绳最大张力。结果表明：在纯波条件下，当网箱处于漂浮状态时，四体网箱的锚固锚绳的最大张力明显大于单体网箱和双体网箱的锚固锚绳最大张力，相比于单体网箱和双体网箱，四体网箱更加需要采取措施来减小锚绳的最大张力。将网箱下潜至水面以下，是减小锚绳最大张力的较好方式。本节定义了张力折减系数评估网箱下潜的效果，$R_t = (T_{sur} - T_{sub})/T_{sur}$，其中，$T_{sur}$ 和 T_{sub} 分别表示漂浮和下潜状态下的锚固锚绳的最大张力。四体网箱的张力折减系数 R_t（56%）大于单体网箱（52%）和双体网箱（44%）的张力折减系数，四体网箱的下潜能够更加有效地

减小锚固锚绳的最大张力。漂浮状态下,双体网箱的锚固锚绳最大张力小于单体网箱的锚固锚绳最大张力,是由于作用在网箱上的外荷载存在相位差。在波流联合条件下,网箱下潜之后,明显地减小了锚固锚绳的最大张力,单体网箱、双体网箱和四体网箱的锚固锚绳张力折减系数分别为 51%、53% 和 47%。

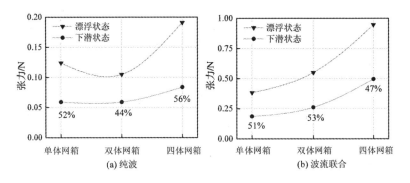

图 5.26 漂浮和下潜状态下,单体、双体和四体网箱的锚绳最大张力

Fig. 5.26 Maximum tension force on mooring line for the single-cage, double-cage and four-cage systems in the floating and submergence conditions

其次,本节分析了单体网箱、双体网箱和四体网箱在漂浮状态和下潜状态下的网箱体积折减系数。图 5.27 表示漂浮和下潜状态下,单体网箱、双体网箱和四体网箱的网箱体积折减系数。类似的,本节采用系数 $R_V = (C_{sur} - C_{sub})/C_{sur}$ 评估网箱下潜对于其变形的影响,其中,C_{sur} 和 C_{sub} 分别表示漂浮和下潜状态下的网箱体积折减系数的最大值。结果表明:在纯波条件下,当网箱处于漂浮状态时,总体而言,四体网箱的网箱折减系数的最大值大于单体网箱和双体网箱的网箱体积折减系数的最大值,No.6 网箱的变形是最严

重的；当网箱处于下潜状态时，No. 1－No. 7 网箱的体积折减系数最大值差别很小；No. 6 网箱的系数 R_V 也大于 No. 4、No. 5 和 No. 7 网箱的系数 R_V。在波流联合条件下，No. 1－No. 7 网箱体积折减系数之间的差别较大，No. 4－No. 7 网箱变形之间较大的差异主要是由于网衣对于流速的折减造成的，各个网箱的系数 R_V 也比较小。总体而言，在纯波条件下，网箱的下潜能够有效地改善网箱变形，在波流联合条件下，网箱的下潜不能有效地改善网箱的变形。

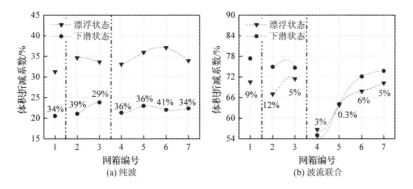

图 5.27　漂浮和下潜状态下，单体、双体和四体网箱的网箱体积折减系数

Fig. 5. 27　Volume reduction coefficient of net cage for the single-cage, double-cage and four-cage systems in the floating and submergence conditions

6 浮架的弹性变形理论

浮架属于柔性结构,在较大的风浪中,其变形会很大,甚至会发生破坏,所以必须对水作用下的浮架进行弹性分析。通过对浮架变形的研究就可以了解浮架是否会破坏,何时破坏,在哪里破坏等一系列服务于网箱设计的关键参数。虽然在介绍计算浮架平面内、外变形的解析方法中,运用了一些假设,但对于快捷的预测浮架的变形本文介绍的理论不失为一种有效的模拟方法,而且可以对浮架的设计有重要帮助,也可以按照给定的条件计算所需的参数。

本章先介绍模型浮架的变形理论,包括其平面内和平面外变形,然后再耦合其运动行为,分析其水弹性响应。

6.1 浮架变形模式

对于深水重力式网箱浮架系统来讲,其基本结构为浮架形状,如图 6.1 所示的是工作人员正在将单体网箱放置于水中。

图 6.1 浮架照片

Fig. 6.1 The picture of a floating collar

如图 6.1 所示重力式网箱的浮架系统,下面的两个较粗的为主浮管,向上依次是立管和扶手,其中灰白色的构件是连接件。立管和扶手的主要作用就是为了工作人员能够方便的对网箱进行操作和管理,起了一定的保护作用,而且在以后的计算结果中还会说明扶手和立管有另外一个更加重要的作用,就是增加了浮架系统的平面外刚度。另外,从这张图中也可以清晰地看到浮架产生的平面外变形,这也说明了本文所进行的浮架水弹性分析的必要性。

图 6.1 描绘的是真实的深水重力式网箱的浮架系统,在本文的数学模型中将只考虑主浮管的弹性变形,即与前一章的模型浮架一致,将浮架的双排浮管简化为一个实心浮架之所以忽略立管和扶手的作用,一方面是因为它们不是网箱的主要受力构件,另一方面是为了在不影响数学模拟的情况下尽可能简化模型,这样有

利于解析方法的建立。本文采用曲梁理论来计算浮架的变形,图 6.2 所示为本文中使用的浮架模型,为方便起见,以后简称浮架模型为浮架。

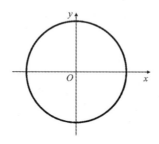

图 6.2　浮架的计算模型

Fig. 6.2　The calculation model of a floating collar

图 6.2 中的粗线浮架即为本文的计算模型。当然,浮架的浮管都是空心的,所以在计算这个简化浮架变形的时候这里所使用的断面的面积、惯性矩和极惯性矩都是按照双排浮管的断面形式计算的,不过对于浮管之间的连接构件不计入浮架断面的平面内惯性矩,因为对于这种复杂的断面形式,其断面特性可以有现成的数据可查,这里为了计算简单所以简化了模型。

6.2　浮架平面外变形

本文运用曲梁理论来计算浮架的变形。曲梁理论在工程力学中已经有了广泛的应用。重点就是探讨浮架在波浪作用下的弹性变形。根据前面的假设,这一部分先介绍浮架的平面外变形理论。

由于浮架上任意位置的曲率都是相等的,这里考虑浮架上一微段,很明显可将此微段按照曲梁来处理,并假设微段上的变形很小。图6.3给出了浮架的一个微小单元,在两端断面处给出了微段上平面外的内力图。

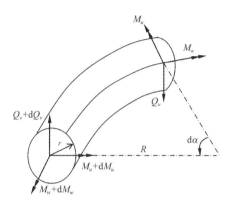

图6.3　浮架微段平面外的内力图

Fig.6.3　The out-of-plane stress of mini-segment of floating collar

　　图6.3中Q_v表示断面处沿v轴方向的剪力,M_u和M_w分别表示断面绕轴u和w轴正向的弯矩;R表示浮架半径,r表示浮架的断面半径。对于平面外的变形,用v来表示,这个变量是与时间以及表示浮架上点的位置的角α相关的,这里定义其正方向与v轴正向一致。另外,对于单独由于弯矩引起的转动效应,这里分别用ϕ_u和ϕ_w来表示断面上绕u轴和w轴的弯曲转角和扭转角(注:ϕ_u和ϕ_w均不包含由剪切和扭转引起的角度)。根据图6.3所示,利用牛顿第二定律,可以建立浮架微段上的平衡方程,包括沿v轴的关于力的平衡方程以及沿u轴和w轴的关于弯矩的平衡方程:

$$\begin{cases} \dfrac{\partial Q_v}{\partial \alpha} + F_v = \rho AR \dfrac{\partial^2 v}{\partial t^2} \\[3mm] \dfrac{\partial M_u}{\partial \alpha} + M_w - Q_v R = \rho I_u R \dfrac{\partial^2 \phi_u}{\partial t^2} \\[3mm] \dfrac{\partial M_w}{\partial \alpha} - M_u = \rho I_w R \dfrac{\partial^2 \phi_w}{\partial t^2} \end{cases} \qquad (6.1)$$

在上面的方程(6.1)中,三个方程均由牛顿第二定律所得,第一个方程是关于微段平面外变形 v 的, $\dfrac{\partial^2 v}{\partial t^2}$ 表示变形的加速度, F_v 表示微段沿 v 轴正方向上的外力和;第二个、第三个方程分别是关于微段绕 u 轴和 w 轴转动平衡, $\dfrac{\partial^2 \phi_u}{\partial t^2}$ 表示绕 u 轴弯曲的角加速度, $\dfrac{\partial^2 \phi_w}{\partial t^2}$ 表示扭转角加速度, I_u 表示断面绕轴的弯曲惯性矩, I_w 表示断面绕轴的扭转惯性矩。

除了上面的平衡关系,还可以从工程力学中得到下面关于弯矩和剪力与平面外变形和纯弯曲角的关系表达式:

$$\begin{cases} Q_v = \dfrac{k'AG}{R}\left(\dfrac{\partial v}{\partial \alpha} + \phi_u\right) \\[3mm] M_u = \dfrac{EI_u}{R}\left(\dfrac{\partial \phi_u}{\partial \alpha} + \phi_w\right) \\[3mm] M_w = \dfrac{GI_w}{R}\left(\dfrac{\partial \phi_w}{\partial \alpha} - \phi_u\right) \end{cases} \qquad (6.2)$$

上式中 E 和 G 分别表示浮架材料的弹性模量和剪切模量, k' 表示修正参数,由断面的形状决定。第一个是沿 v 轴方向的剪切力的表达式,其中考虑了绕 u 轴的弯曲转角的影响;后两个表达式是关于绕 u 轴的弯矩和绕 w 轴的扭矩的表达式,从中可以看出弯矩和扭矩是相互影响的。

对方程(6.1)和方程(6.2)中六个未知数,包括剪力 Q_v、弯矩

M_u、扭矩 M_w 以及变形 v、弯曲角 ϕ_u 和扭转角 ϕ_w,可以对六个方程进行联立求解,但是这样的计算量将非常大,因为浮架任意断面上的变形和弯曲转角都不同。所以本文寻求另外一种方式进行求解,即通过一些推导得到关于单一变量的控制方程,并将变形和弯曲转角用模态迭加法表示,其中关于浮架转角的项用三角函数表示,然后只是求解时间模态的微分方程即可,这样将会大大减少计算量。下面将分别介绍平面外变形和弯曲转角的控制方程。

6.2.1 浮架平面外变形 v 的控制方程

为了使计算变得简便,需要将上面得到的平衡方程(6.1)和内力表达式(6.2)联立,并通过推导得到求解一个未知量的方程。这一小部分介绍求解浮架平面外变形 v 的控制方程。将式(6.2)中浮架断面的内力表达式代入式(6.1)的内力平衡关系中,得

$$\begin{cases} \dfrac{k'AG}{R}\left(\dfrac{\partial^2 v}{\partial \alpha^2}+R\dfrac{\partial \phi_u}{\partial \alpha}\right)+F_v=\rho AR\dfrac{\partial^2 v}{\partial t^2} \\[3mm] \dfrac{EI_u}{R}\left(\dfrac{\partial^2 \phi_u}{\partial \alpha^2}+\dfrac{\partial \phi_w}{\partial \alpha}\right)+\dfrac{GI_w}{R}\left(\dfrac{\partial \phi_w}{\partial \alpha}-\phi_u\right)-\dfrac{k'AG}{R}\left(\dfrac{\partial v}{\partial \alpha}+R\phi_u\right)R=\rho I_u R\dfrac{\partial^2 \phi_u}{\partial t^2} \\[3mm] \dfrac{GI_w}{R}\left(\dfrac{\partial^2 \phi_w}{\partial \alpha^2}-\dfrac{\partial \phi_u}{\partial \alpha}\right)-\dfrac{EI_u}{R}\left(\dfrac{\partial \phi_u}{\partial \alpha}+\phi_w\right)=\rho I_w R\dfrac{\partial^2 \phi_w}{\partial t^2} \end{cases}$$

$$\text{(6.3)}$$

整理式(6.3),得

$$\begin{cases} \dfrac{\partial \phi_u}{\partial \alpha}=\dfrac{\rho AR}{k'AG}\dfrac{\partial^2 v}{\partial t^2}-\dfrac{1}{R}\dfrac{\partial^2 v}{\partial \alpha^2}-\dfrac{\rho_v}{k'AG} \\[3mm] (EI_u+GI_w)\dfrac{\partial \phi_w}{\partial \alpha}=\rho I_u R^2\dfrac{\partial^2 \phi_u}{\partial t^2}+(k'AGR^2+GI_w)\phi_u-EI_u\dfrac{\partial^2 \phi_u}{\partial \alpha^2}+k'AGR\dfrac{\partial v}{\partial \alpha} \\[3mm] GI_w\dfrac{\partial^2 \phi_w}{\partial \alpha^2}-EI_w\phi_w-\rho I_w R^2\dfrac{\partial^2 \phi_w}{\partial t^2}=(GI_w+EI_u)\dfrac{\partial \phi_u}{\partial \alpha} \end{cases}$$

$$\text{(6.4)}$$

　　将式(6.4)中第二个方程及其二次导数形式代入第三个方程一次导数形式中,这样就可以消除绕 w 轴的扭转角 ϕ_w:

$$(GI_w\rho I_u R^2 + \rho I_w R^2 EI_u)\frac{\partial^4 \phi_u}{\partial t^2 \partial \alpha^2} + (GI_w k'AGR^2 - 2GI_w EI_u)\frac{\partial^2 \phi_u}{\partial \alpha^2} - GI_w EI_u \frac{\partial^4 \phi_u}{\partial \alpha^4}$$

$$- \rho I_w R^2 \rho I_u R^2 \frac{\partial^4 \phi_u}{\partial t^4} - (EI_u \rho I_u R^2 + \rho I_w R^2 k'AGR^2 + \rho I_u R^2 GI_w)\frac{\partial^2 \phi_u}{\partial t^2}$$

$$- EI_u(k'AGR^2 + GI_w)\phi_u$$

$$- \rho I_u R^2 k'AGR \frac{\partial^3 v}{\partial t^2 \partial \alpha} + GI_w k'AGR \frac{\partial^3 v}{\partial \alpha^3} - EI_u k'AGR \frac{\partial v}{\partial \alpha} = 0$$

$$(6.5)$$

　　然后再将方程(6.3)中的第一个方程与上面的方程(6.5)联立,消除绕 u 轴的弯曲转角 ϕ_u,这样就可以得到一个关于平面外变形 v 的控制方程如下:

$$\frac{\partial^6 v}{\partial \alpha^6} + 2\frac{\partial^4 v}{\partial \alpha^4} + \frac{\partial^2 v}{\partial \alpha^2}$$

$$- \rho AR^2\left(\frac{R^2}{GI_w} + \frac{1}{k'AG}\right)\frac{\partial^2 v}{\partial t^2} - \rho^2 R^4\left(\frac{I_u}{GI_u k'G} + \frac{AI_w R^2}{EI_u GI_w} + \frac{I_w}{EIk'G}\right)\frac{\partial^4 v}{\partial t^4} - \frac{\rho^3 R^6}{k'EG^2}\frac{\partial^6 v}{\partial t^6}$$

$$+ \rho R^2\left(\frac{AR^2}{EI} - \frac{2}{k'G} + \frac{I_u}{GI_w} + \frac{I_w}{EI_u}\right)\frac{\partial^4 v}{\partial t^2 \partial \alpha^2}$$

$$- \rho R^2\left(\frac{1}{E} + \frac{1}{G} + \frac{1}{k'G}\right)\frac{\partial^6 v}{\partial t^2 \partial \alpha^4}$$

$$+ \rho^2 R^4\left(\frac{1}{Ek'G} + \frac{1}{k'G^2} + \frac{1}{EG}\right)\frac{\partial^6 v}{\partial t^4 \partial \alpha^2}$$

$$= -\frac{R}{k'AG}\frac{\partial^4 F_v}{\partial \alpha^4} + R\left(\frac{R^2}{EI_u} - \frac{2}{k'AG}\right)\frac{\partial^2 F_v}{\partial \alpha^2} - R\left(\frac{R^2}{GI_w} + \frac{1}{k'AG}\right)F_v$$

$$\frac{\rho R^3}{k'AG}\left(\frac{1}{E} + \frac{1}{G}\right)\frac{\partial^4 F_v}{\partial t^2 \partial \alpha^2} - \rho R^3\left(\frac{I_u}{k'AG^2 I_w} + \frac{R^2}{EI_u G} + \frac{I_w}{k'AGEI_u}\right)\frac{\partial^2 F_v}{\partial t^2} - \frac{\rho^2 R^5}{k'AEG^2}\frac{\partial^4 F_v}{\partial t^4}$$

$$(6.6)$$

对于本文所要计算的变形来讲,由于浮架的弹性模量 E 和剪切模量 G 相比于其他参量的量级要大得多,所以两者的乘积会变得相当大。如果它们的乘积出现在某一项系数的分母中,那么这一项对整个方程的求解的影响将会非常小,所以当某一项的分母中同时包含这两个参数时,就忽略这一项。这样简化方程(6.6),得到

$$\frac{\partial^6 v}{\partial \alpha^6} + 2\frac{\partial^4 v}{\partial \alpha^4} + \frac{\partial^2 v}{\partial \alpha^2} - \rho AR^2\left(\frac{R^2}{GI_w} + \frac{1}{k'AG}\right)\frac{\partial^2 v}{\partial t^2} + \rho R^2\left(\frac{AR^2}{EI_u} - \frac{2}{k'G} + \frac{I_u}{GI_w} + \frac{I_w}{EI_u}\right)\frac{\partial^4 v}{\partial t^2 \partial \alpha^2}$$

$$- \rho R^2\left(\frac{1}{E} + \frac{1}{G} + \frac{1}{k'G}\right)\frac{\partial^6 v}{\partial t^2 \partial \alpha^4} = -\frac{R}{k'AG}\frac{\partial^4 F_v}{\partial \alpha^4} + R\left(\frac{R^2}{EI_u} - \frac{2}{k'AG}\right)\frac{\partial^2 F_v}{\partial \alpha^2} - R\left(\frac{R^2}{GI_w} + \frac{1}{k'AG}\right)F_v$$

$$(6.7)$$

上面的方程(6.7)就是用来求解平面外变形,但是浮架上任意位置的平面外变形都不同,这样的计算依然很困难,所以可以利用浮架的一些特性,即浮架的闭合性再次简化控制方程。下面将会用模态的形式表示浮架的变形,以此来简化计算。

用三角函数来表示平面外变形关于浮架位置角的项,然后乘上关于时间的响应。运用模态迭加法,假设平面外变形为下面的模态和的形式

$$v = \sum_{i=2}^{J}\left[v_i^c(t)\cos(i\alpha) + v_i^s(t)\sin(i\alpha)\right] \qquad (6.8)$$

其中 i 表示模态数,J 为模态总数,$v_i^c(t)$ 和 $v_i^s(t)$ 表示关于时间的第 i 个模态,上标 c 表示这个时间模态是相对于余弦的,而上标 s 表示这个时间模态是相对于正弦的(以后采用了相同的表示方法)。值得注意的是,这里模态数从 2 开始选取是因为当 $i = 1$ 时,这个表达式表示的是刚体位移。

对于浮架的平面外变形模态,图 6.4 给出了其四个模态的侧视图,即模态数分别为 $i = 2,3,4,5$。

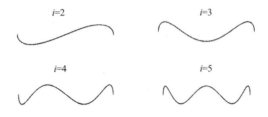

图 6.4　浮架的平面外变形模态

Fig. 6.4　The out-of-plane deformation modes of floating collar

将平面外变形的表达式代入方程(6.7),得

$$\sum_{i=2}^{N}\left[-i^6 v_i^c(t)\cos(i\alpha) - i^6 v_i^s(t)\sin(i\alpha)\right]$$

$$+ 2\sum_{i=2}^{N}\left[i^4 v_i^c(t)\cos(i\alpha) + i^4 v_i^s(t)\sin(i\alpha)\right]$$

$$+ \sum_{i=2}^{N}\left[-i^2 v_i^c(t)\cos(i\alpha) - i^2 v_i^s(t)\sin(i\alpha)\right]$$

$$- \rho A R^2 \left(\frac{R^2}{C_w} + \frac{1}{k'AG}\right) \sum_{i=2}^{J}\left[\frac{\partial^2 v_i^c}{\partial t^2}\cos(i\alpha) + \frac{\partial^2 v_i^s}{\partial t^2}\sin(i\alpha)\right]$$

$$+ \rho R^2 \left(\frac{AR^2}{EI} - \frac{2}{k'G} + \frac{I_u}{C_w} + \frac{I_w}{EI}\right) \sum_{i=2}^{N}\left[-i^2 \frac{\partial^2 v_i^c}{\partial t^2}\cos(i\alpha) - i^2 \frac{\partial^2 v_i^s}{\partial t^2}\sin(i\alpha)\right]$$

$$- \rho R^2 \left(\frac{1}{E} + \frac{I_w}{C_w} + \frac{1}{k'G}\right) \sum_{i=2}^{N}\left[i^4 \frac{\partial^2 v_i^c}{\partial t^2}\cos(i\alpha) + i^4 \frac{\partial^2 v_i^s}{\partial t^2}\sin(i\alpha)\right]$$

$$= -\frac{R}{k'AG}\frac{\partial^4 F_v}{\partial \alpha^4} + R\left(\frac{R^2}{EI} - \frac{2}{k'AG}\right)\frac{\partial^2 F_v}{\partial \alpha^2} - R\left(\frac{R^2}{C_w} + \frac{1}{k'AG}\right)F_v$$

$$(6.9)$$

对于方程(6.9),考虑到余弦函数的正交性,数学上可表示为

$$\int_0^{2\pi} \sin(i\alpha)\sin(j\alpha)\mathrm{d}\alpha = \begin{cases} \pi & \text{当 } i = j \\ 0 & \text{当 } i \neq j \end{cases}$$

$$\int_0^{2\pi} \cos(i\alpha)\sin(j\alpha)\mathrm{d}\alpha = 0 \qquad (6.10)$$

$$\int_0^{2\pi} \cos(i\alpha)\cos(j\alpha)\mathrm{d}\alpha = \begin{cases} \pi & \text{当 } i = j \\ 0 & \text{当 } i \neq j \end{cases}$$

所以,在方程(6.9)的两边同时乘以 $\cos(j\alpha)$ 或 $\sin(j\alpha)$, $j = 2, \cdots,$ J,并在 $[0, 2\pi]$ 上对 α 积分,这样就可以消掉一种时间模态 υ_i^s 或者 υ_i^c,从而得到关于两个时间模态 $\upsilon_i^c(t)$ 和 $\upsilon_i^s(t)$ 的控制方程:

$$\rho\pi R^2 \left[EI_u \left(\frac{AR^2}{GI_w} + \frac{1}{k'G} \right) + \left(AR^2 - \frac{2EI_u}{k'G} + \frac{EI_u {}^* I_u}{GI_w} + I_w \right) i^2 + \left(I_u + \frac{EI_u}{G} + \frac{EI_u}{k'G} \right) i^4 \right] \frac{\partial^2 \upsilon_i^c}{\partial t^2}$$

$$= R \left[\frac{EI_u}{k'AG}(i^2-1)^2 + R^2 \left(i^2 + \frac{EI_u}{GI_w} \right) \right] \int_0^{2\pi} F_\upsilon \cos(i\alpha)\mathrm{d}\alpha - (i^3-i)^2 EI_u \pi \upsilon_i^c$$

和

$$\rho\pi R^2 \left[\left(\frac{EI_u AR^2}{GI_w} + \frac{EI_u}{k'G} \right) + \left(AR^2 - \frac{2EI_u}{k'G} + \frac{EI_u {}^* I_u}{GI_w} + I_w \right) i^2 + \left(I_u + \frac{EI_u}{G} + \frac{EI_u}{k'G} \right) i^4 \right] \frac{\partial^2 \upsilon_i^s}{\partial t^2}$$

$$= R \left[\frac{EI_u(i^2-1)^2}{k'AG} + R^2 \left(i^2 + \frac{EI_u}{GI_w} \right) \right] \int_0^{2\pi} F_\upsilon \sin(i\alpha)\mathrm{d}\alpha - (i^3-i)^2 EI_u \pi \upsilon_i^s$$

$$(6.11)$$

上面方程(6.11)中的两个微分方程就是用来计算平面外变形 υ 的两个时间模态的控制方程。不难发现:两个方程左边时间模态加速度的系数是相等的,而且右边外力的积分前的系数以及右边第二项时间模态的影响的系数也相同,也就是说这是两个求解起来非常类似的方程,所以求解这两个微分方程可以采用同样的方法。

6.2.2　浮架扭转角和弯曲角的控制方程

除了上一小节得到的求解平面外变形 v 的控制方程,还可以运用平面外的内力平衡方程(6.1)和内力表达式(6.2)来求解弯曲转角 ϕ_u 和扭转角 ϕ_w。为了方便说明,给出方程(6.1)和(6.2)的联立形式,如下:

$$
\begin{cases}
\dfrac{\partial Q_v}{\partial \alpha} + F_v = \rho AR\,\dfrac{\partial^2 v}{\partial t^2} \\[2ex]
\dfrac{\partial M_u}{\partial \alpha} + M_w - Q_v R = \rho I_u R\,\dfrac{\partial^2 \phi_u}{\partial t^2} \\[2ex]
\dfrac{\partial M_w}{\partial \alpha} - M_u = \rho I_w R\,\dfrac{\partial^2 \phi_w}{\partial t^2} \\[2ex]
M_u = \dfrac{EI_u}{R}\left(\dfrac{\partial \phi_u}{\partial \alpha} + \phi_w\right) \\[2ex]
M_w = \dfrac{GI_w}{R}\left(\dfrac{\partial \phi_w}{\partial \alpha} - \phi_u\right) \\[2ex]
Q_v = \dfrac{k'AG}{R}\left(\dfrac{\partial v}{\partial \alpha} + \phi_u\right)
\end{cases}
\tag{6.12}
$$

与上一节介绍的方法相类似,将内力的表达式(后三个方程)代入平衡方程(前三个方程)中,再消掉平面外变形的变量 v 以及扭转角 ϕ_w 或者弯曲转角 ϕ_u。这里不再给出详细的推导过程,直接给出只是关于弯曲转角 ϕ_u 和扭转角 ϕ_w 的控制方程。

$$
\frac{\partial^6 \phi_u}{\partial \alpha^6} + 2\,\frac{\partial^4 \phi_u}{\partial \alpha^4} + \frac{\partial^2 \phi_u}{\partial \alpha^2}
$$

$$
-\rho R^2\left(\frac{AR^2}{GI_w} + \frac{1}{k'G}\right)\frac{\partial^2 \phi_u}{\partial t^2} - \frac{\rho^2 R^4}{k'G}\left(\frac{I_u}{GI_w} + \frac{k'AR^2}{EI} + \frac{I_w}{EI}\right)\frac{\partial^4 \phi_u}{\partial t^4} - \frac{\rho^3 R^6}{Ek'G^2}\frac{\partial^6 \phi_u}{\partial t^6}
$$

$$+ \rho R^2 \left(\frac{AR^2}{EI_u} - \frac{2}{k'G} + \frac{I_u}{GI_w} + \frac{I_w}{EI} \right) \frac{\partial^4 \phi_u}{\partial \alpha^2 \partial t^2}$$

$$- \rho R^2 \left(\frac{1}{E} + \frac{1}{G} + \frac{1}{k'G} \right) \frac{\partial^6 \phi_u}{\partial \alpha^4 \partial t^2}$$

$$+ \rho^2 R^4 \left(\frac{1}{Ek'G} + \frac{1}{k'G^2} + \frac{1}{EG} \right) \frac{\partial^6 \phi_u}{\partial \alpha^2 \partial t^4}$$

$$= \frac{\rho R^4}{EIG} \frac{\partial^3 F_v}{\partial t^2 \partial \alpha} - \frac{R^2}{EI} \frac{\partial^3 F_v}{\partial \alpha^3} + \frac{R^2}{GI_w} \frac{\partial F_v}{\partial \alpha} \tag{6.13}$$

$$\frac{\partial^6 \phi_w}{\partial \alpha^6} + 2 \frac{\partial^4 \phi_w}{\partial \alpha^4} + \frac{\partial^2 \phi_w}{\partial \alpha^2}$$

$$- \rho R^2 \left(\frac{1}{k'G} + \frac{AR^2}{GI_w} \right) \frac{\partial^2 \phi_w}{\partial t^2} - \frac{\rho^2 R^4}{k'G} \left(\frac{I_u}{GI_w} + \frac{k'AR^2}{EI} + \frac{I_w}{EI} \right) \frac{\partial^4 \phi_w}{\partial t^4} - \frac{\rho^3 R^6}{k'G^2 E} \frac{\partial^6 \phi_w}{\partial t^6}$$

$$+ \rho R^2 \left(\frac{AR^2}{EI} - \frac{2}{k'G} + \frac{I_w}{EI} + \frac{I_u}{GI_w} \right) \frac{\partial^4 \phi_w}{\partial \alpha^2 \partial t^2}$$

$$- \rho R^2 \left(\frac{1}{k'G} + \frac{1}{E} + \frac{1}{G} \right) \frac{\partial^6 \phi_w}{\partial \alpha^4 \partial t^2}$$

$$+ \rho^2 R^4 \left(\frac{1}{k'G^2} + \frac{1}{GE} + \frac{1}{k'GE} \right) \frac{\partial^6 \phi_w}{\partial \alpha^2 \partial t^4}$$

$$= - R^2 \left(\frac{1}{EI} + \frac{1}{GI_w} \right) \frac{\partial^2 F_v}{\partial \alpha^2} \tag{6.14}$$

对比两个方程(6.13)和(6.14),可以发现,在两个方程等号的左边,其形式是完全一样的,而且与平面外的变形方程(6.6)的等号左边形式也是完全一致,只是未知量改变而已。这说明:平面外变形和弯曲转角以及扭转角具有同样的自振频率。这与三个控制方程出于同样的内力平衡方程和内力表达式是相符合的。

与简化平面外变形方程一样,对于弯曲转角和扭转角的方程,同样由于弹性模量和剪切模量的乘积量级过大,忽略分母中含有

EG 的项,这样就得到了下面两个弯曲转角 ϕ_u 和扭转角 ϕ_w 用于求解的控制方程

$$\frac{\partial^6 \phi_u}{\partial \alpha^6} + 2\frac{\partial^4 \phi_u}{\partial \alpha^4} + \frac{\partial^2 \phi_u}{\partial \alpha^2} - \rho R^2 \left(\frac{AR^2}{GI_w} + \frac{1}{k'G}\right)\frac{\partial^2 \phi_u}{\partial t^2}$$

$$+ \rho R^2 \left(\frac{AR^2}{EI_u} - \frac{2}{k'G} + \frac{I_u}{GI_w} + \frac{I_w}{EI_u}\right)\frac{\partial^4 \phi_u}{\partial \alpha^2 \partial t^2} - \rho R^2 \left(\frac{1}{E} + \frac{1}{G} + \frac{1}{k'G}\right)\frac{\partial^6 \phi_u}{\partial \alpha^4 \partial t^2}$$

$$= -\frac{R^2}{EI_u}\frac{\partial^3 F_v}{\partial \alpha^3} + \frac{R^2}{GI_w}\frac{\partial F_v}{\partial \alpha} \tag{6.15}$$

$$\frac{\partial^6 \phi_w}{\partial \alpha^6} + 2\frac{\partial^4 \phi_w}{\partial \alpha^4} + \frac{\partial^2 \phi_w}{\partial \alpha^2} - \rho R^2 \left(\frac{1}{k'G} + \frac{AR^2}{GI_w}\right)\frac{\partial^2 \phi_w}{\partial t^2}$$

$$+ \rho R^2 \left(\frac{AR^2}{EI_u} - \frac{2}{k'G} + \frac{I_w}{EI_u} + \frac{I_u}{GI_w}\right)\frac{\partial^4 \phi_w}{\partial \alpha^2 \partial t^2} - \rho R^2 \left(\frac{1}{E} + \frac{1}{G} + \frac{1}{k'G}\right)\frac{\partial^6 \phi_w}{\partial \alpha^4 \partial t^2}$$

$$= -R^2 \left(\frac{1}{EI_u} + \frac{1}{GI_w}\right)\frac{\partial^2 F_v}{\partial \alpha^2} \tag{6.16}$$

同样的,浮架任意断面上的扭转角和弯曲转角都不相同,如果直接求解,计算量将会非常大,所以也采用模态迭加法来简化 ϕ_u 和 ϕ_w 的表达形式,如下

$$\phi_u = \sum_{i=2}^{J} \left[\varphi_i^s(t)\sin(i\alpha) + \varphi_i^c(t)\cos(i\alpha)\right]$$

$$\phi_w = \sum_{i=2}^{J} \left[\xi_i^c(t)\cos(i\alpha) + \xi_i^s(t)\sin(i\alpha)\right] \tag{6.17}$$

这两个角的模态形式和平面外变形的相似,关于浮架的位置角用正弦和余弦表示,然后乘上时间变量,并迭加得到它们的表达式。将两个表达式分别代入上面的两个方程(6.15)和(6.16),同时利用三角函数的正交性(6.10),就能得到所用时间模态 $\varphi_i^s(t)$、

$\varphi_i^c(t)$、$\xi_i^c(t)$ 和 $\xi_i^s(t)$ 的控制方程

$$\rho R^2 \left[I_u \left(\frac{EAR^2}{GI_w} + \frac{E}{k'G} \right) + \left(AR^2 - \frac{2EI_u}{k'G} + \frac{EI_u{}^* I_u}{GI_w} + I_w \right) i^2 + \left(I_u + \frac{EI_u}{G} + \frac{EI_u}{k'G} \right) i^4 \right] \frac{\partial^2 \varphi_i^s}{\partial t^2} \pi$$

$$= i R^2 \left(i^2 + \frac{EI_u}{GI_w} \right) \int_0^{2\pi} F_v \cos(i\alpha) \, d\alpha - (i^3 - i)^2 EI_u \pi \varphi_i^s$$

和

$$\rho R^2 \left[\left(\frac{EI_u{}^* AR^2}{GI_w} + \frac{EI_u}{k'G} \right) + \left(AR^2 - \frac{2EI_u}{k'G} + \frac{EI_u{}^* I_u}{GI_w} + I_w \right) i^2 + \left(I_u + \frac{EI_u}{G} + \frac{EI_u}{k'G} \right) i^4 \right] \frac{\partial^2 \varphi_i^c}{\partial t^2} \pi$$

$$= - i R^2 \left(i^2 + \frac{EI_u}{GI_w} \right) \int_0^{2\pi} F_v \sin(i\alpha) \, d\alpha - (i^3 - i)^2 EI_u \pi \varphi_i^c$$

$$(6.18)$$

$$\rho \pi R^2 \left[\left(\frac{EI_u}{k'G} + \frac{EI_u AR^2}{GI_w} \right) + \left(AR^2 - \frac{2EI_u}{k'G} + I_w + \frac{EI_u{}^* I_u}{GI_w} \right) i^2 + \left(I_u + \frac{EI_u}{G} + \frac{EI_u}{k'G} \right) i^4 \right] \frac{\partial^2 \xi_i^c}{\partial t^2}$$

$$= - i^2 R^2 \left(1 + \frac{EI_u}{GI_w} \right) \int_0^{2\pi} F_v \cos(i\alpha) \, d\alpha - (i^3 - i)^2 EI_u \pi \xi_i^c$$

和

$$\rho \pi R^2 \left[\left(\frac{EI_u}{k'G} + \frac{EI_u AR^2}{GI_w} \right) + \left(AR^2 - \frac{2EI_u}{k'G} + I_w + \frac{EI{}^* I_u}{GI_w} \right) i^2 + \left(I_u + \frac{EI_u}{G} + \frac{EI_u}{k'G} \right) i^4 \right] \frac{\partial^2 \xi_i^s}{\partial t^2}$$

$$= - i^2 R^2 \left(1 + \frac{EI_u}{C_w} \right) \int_0^{2\pi} F_v \sin(i\alpha) \, d\alpha - (i^3 - i)^2 EI_u \pi \xi_i^s$$

$$(6.19)$$

对比上面两个方程不难发现，等号右边角加速度的系数和外力积分的系数是相同的，而且与平面外变形的控制方程相一致，所以方程(6.11)、方程(6.18)和方程(6.19)作下面的简化表达：

$$
\begin{cases}
C_l^o \dfrac{\partial^2 \upsilon_i^c}{\partial t^2} = C_{r\upsilon}^o \displaystyle\int_0^{2\pi} F_\upsilon \cos(i\alpha)\,\mathrm{d}\alpha - C_e^o \upsilon_i^c \\[4mm]
C_l^o \dfrac{\partial^2 \upsilon_i^s}{\partial t^2} = C_{r\upsilon}^o \displaystyle\int_0^{2\pi} F_\upsilon \sin(j\alpha)\,\mathrm{d}\alpha - C_e^o \upsilon_i^s \\[4mm]
C_l^o \dfrac{\partial^2 \varphi_i^s}{\partial t^2} = C_{r\phi_u}^o \displaystyle\int_0^{2\pi} F_\upsilon \cos(i\alpha)\,\mathrm{d}\alpha - C_e^o \varphi_i^s \\[4mm]
C_l^o \dfrac{\partial^2 \varphi_i^c}{\partial t^2} = - C_{r\phi_u}^o \displaystyle\int_0^{2\pi} F_\upsilon \sin(i\alpha)\,\mathrm{d}\alpha - C_e^o \varphi_i^c \\[4mm]
C_l^o \dfrac{\partial^2 \xi_i^c}{\partial t^2} = C_{r\phi_t}^o \displaystyle\int_0^{2\pi} F_\upsilon \cos(i\alpha)\,\mathrm{d}\alpha - C_e^o \xi_i^c \\[4mm]
C_l^o \dfrac{\partial^2 \xi_i^s}{\partial t^2} = C_{r\phi_t}^o \displaystyle\int_0^{2\pi} F_\upsilon \sin(i\alpha)\,\mathrm{d}\alpha - C_e^o \xi_i^s
\end{cases}
\tag{6.20}
$$

其中

$$
C_l^o = \pi\rho R^2 \left[i^4 I_u \left(1 + \frac{E}{G} + \frac{E}{G}\frac{1}{k'} \right) + i^2 \left(AR^2 - \frac{2}{k'}\frac{EI_u}{G} + \frac{E}{G}\frac{I_u I_u}{I_w} + I_w \right) \right.
$$

$$
\left. + \frac{EI_u}{G}\left(\frac{AR^2}{I_w} + \frac{1}{k'} \right) \right]
$$

$$
C_{r\upsilon}^o = R\left[\frac{E}{G}\frac{I_u}{k'A}(i^2 - 1)^2 + R^2\left(i^2 + \frac{EI_u}{GI_w} \right) \right]
$$

$$
C_{r\phi_u}^o = iR^2\left(i^2 + \frac{E}{G}\frac{I_u}{I_w} \right)
$$

$$
C_{r\phi_t}^o = - i^2 R^2\left(1 + \frac{E}{G}\frac{I_u}{I_w} \right)
$$

$$
C_e^o = \pi(i^3 - i)^2 EI_u
\tag{6.21}
$$

在上面的表达式(6.21)所给出的五个系数中,上标 0 表示此系数是用于计算平面外的变形,下标 l 和 r 分别表示此系数是在方程的左边和右边,而另外的下标则表示这个系数是用于求解不同参数的方程。

方程(6.20)就是计算平面外变形 v、弯曲转角 ϕ_u 和扭转角 ϕ_w 的时间模态 $v_i^c(t)$ 和 $v_i^s(t)$、$\varphi_i^s(t)$ 和 $\varphi_i^c(t)$、$\xi_i^s(t)$ 和 $\xi_i^c(t)$ 的控制方程,总共包括 $6 \times (J-1)$ 个微分方程。

6.3 浮架平面内变形

通过上面的描述和推导,得到了浮架平面外变形的控制方程,对于浮架的平面内变形,本文同样采用曲梁理论来建立控制方程。对于曲梁的水弹性问题的研究还很少见,本章应用上面的模型,针对浮架在波浪作用下的平面内变形进行分析。

图 6.5 给出了浮架上的一个微小单元,其断面上的内力已经标明,Q_u 表示断面处沿径向的剪切力(u 轴),N 表示断面处沿环向的轴力(w 轴),M_v 表示浮架断面处轴 v 的弯矩,对于仅因弯矩引起的转角用 ϕ_v 表示(注:ϕ_v 不包含由剪切和扭转引起的转角),u 和 w 分别表示浮架上对应角为 α 处的径向和环向变形,其正方向分别与 u 轴和 w 轴一致。

与计算浮架平面外变形的过程类似,根据图 6.5 也可以建立关于微段的受力和弯矩平衡方程。依据牛顿第二定律,建立微段沿 u 和 w 轴方向的关于力的方程以及沿 v 轴关于弯矩的方程:

$$\begin{cases} \dfrac{\partial Q_u}{\partial \alpha} + N + F_u = \rho A R \dfrac{\partial^2 u}{\partial t^2} \\[2ex] \dfrac{\partial N}{\partial \alpha} - Q_u + F_w = \rho A R \dfrac{\partial^2 w}{\partial t^2} \\[2ex] \dfrac{\partial M_v}{\partial \alpha} + R Q_u = \rho I_v R \dfrac{\partial^2 \phi_v}{\partial t^2} \end{cases} \quad (6.22)$$

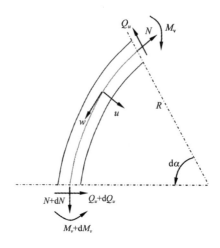

图 6.5　浮架微段平面内的内力

Fig. 6.5　The in-plane stress of mini-segment of floating collar

上面的方程(6.22)中,三个方程均通过牛顿第二定律得到,前两个方程分别表示沿法向 u 轴和环向 w 轴的力的平衡方程,$\dfrac{\partial^2 u}{\partial t^2}$ 和 $\dfrac{\partial^2 w}{\partial t^2}$ 分别表示法向变形和环向变形的加速度,其中 F_u 和 F_w 分别表示沿 u 轴和 w 轴方向的外力和;第三个方程表示绕 v 轴的弯矩平衡方程,$\dfrac{\partial^2 \phi_v}{\partial t^2}$ 为绕 v 轴的角加速度,其中 I_v 表示浮架断面的极惯性矩。另外,根据工程力学已经给出的力和弯矩与变形和转角之间的关系,结果如下:

$$
\begin{cases}
Q_u = \dfrac{k'AG}{R}\left(\dfrac{\partial u}{\partial \alpha} + w - R\phi_v\right) \\[2ex]
N = \dfrac{EA}{R}\left(\dfrac{\partial w}{\partial \alpha} - u\right) \\[2ex]
M_v = \dfrac{EI_v}{R}\dfrac{\partial \phi_v}{\partial \alpha}
\end{cases}
\tag{6.23}
$$

第一个方程是关于微段沿法向的剪切力的表达式,可以看到法向剪切力不仅与法向变形有关,还与环向(轴向)变形和弯曲转角相关;第二个方程是沿环向的轴力表达式,它与法向变形和轴向变形相关;第三个方程为弯矩的表达式。

与前述类似,因为浮架上的每一点都有内力,要想求解联立方程组(6.22)和(6.23)是非常困难的。可以采用和分析浮架平面外变形相似的方法,单独求解关于一个变量的控制方程,并用模态选加法表示平面内变形及弯曲转角,其中与浮架上点的位置相关的项由三角函数表示,然后就可以求解只是关于时间变量的微分方程,这样使得计算变得非常简单。下面给出平面内变形和弯曲转角的控制方程。

6.3.1　浮架平面内变形 w 的控制方程

首先,整理内力平衡方程,将式(6.22)中的第一个和第二个方程联立消掉轴力 N,结果如下:

$$\frac{\partial^2 Q_u}{\partial \alpha^2} + Q_u + \frac{\partial F_u}{\partial \alpha} - F_w = \rho A R \frac{\partial^3 u}{\partial t^2 \partial \alpha} - \rho A R \frac{\partial^2 w}{\partial t^2} \quad (6.24)$$

然后将内力表达式(6.23)中的剪切力 Q_v 和弯矩 M_v 的表达式代入方程(6.24)和(6.22)中的第三个方程中,得到

$$\begin{cases} \dfrac{k'AG}{R}\left(\dfrac{\partial^3 u}{\partial \alpha^3} + \dfrac{\partial^2 w}{\partial \alpha^2} - R\dfrac{\partial^2 \phi_v}{\partial \alpha^2}\right) + \dfrac{k'AG}{R}\left(\dfrac{\partial u}{\partial \alpha} + w - R\phi_v\right) + \dfrac{\partial F_u}{\partial \alpha} - F_w \\ = \rho A R \dfrac{\partial^3 u}{\partial t^2 \partial \alpha} - \rho A R \dfrac{\partial^2 w}{\partial t^2} \\ \dfrac{EI}{R}\dfrac{\partial^2 \phi_v}{\partial \alpha^2} + k'AG\left(\dfrac{\partial u}{\partial \alpha} + w - R\phi_v\right) = \rho I_v R \dfrac{\partial^2 \phi_v}{\partial t^2} \end{cases}$$

$$(6.25)$$

将方程(6.25)中的第一个方程整理成关于弯曲转角 ϕ_v 的表达式,并将第二个方程及其二阶导数加到一起,整理得到

$$
\begin{cases}
k'AG\left(\dfrac{\partial^2 \phi_v}{\partial \alpha^2}+\phi_v\right)=\dfrac{k'AG}{R}\left(\dfrac{\partial^3 u}{\partial \alpha^3}+\dfrac{\partial^2 w}{\partial \alpha^2}+\dfrac{\partial u}{\partial \alpha}+w\right)-\rho AR\,\dfrac{\partial^3 u}{\partial t^2 \partial \alpha}\\
\qquad\qquad +\rho AR\,\dfrac{\partial^2 w}{\partial t^2}+\dfrac{\partial F_u}{\partial \alpha}-F_w\\[2mm]
\dfrac{EI}{R}\left(\dfrac{\partial^4 \phi_v}{\partial \alpha^4}+\dfrac{\partial^2 \phi_v}{\partial \alpha^2}\right)-k'AGR\left(\dfrac{\partial^2 \phi_v}{\partial \alpha^2}+\phi_v\right)-\rho I_v R\left(\dfrac{\partial^4 \phi_v}{\partial \alpha^2 \partial t^2}+\dfrac{\partial^2 \phi_v}{\partial t^2}\right)\\[2mm]
\quad =-kAG\left(\dfrac{\partial^3 u}{\partial \alpha^3}+\dfrac{\partial^2 w}{\partial \alpha^2}+\dfrac{\partial u}{\partial \alpha}+w\right)
\end{cases}
$$

$$(6.26)$$

然后将方程(6.26)中第一个方程及其二阶导数代入第二个方程中,就可以得到只含有平面内变形的控制方程

$$
\frac{\partial^5 u}{\partial \alpha^5}+\frac{\partial^4 w}{\partial \alpha^4}+\frac{\partial^3 u}{\partial \alpha^3}+\frac{\partial^2 w}{\partial \alpha^2}
$$

$$
+\frac{\rho^2 R^4}{Ek'G}\,\frac{\partial^5 u}{\partial t^4 \partial \alpha}-\left(\frac{\rho R^2}{E}+\frac{\rho R^2}{k'G}\right)\frac{\partial^5 u}{\partial t^2 \partial \alpha^3}+\left(\frac{\rho AR^4}{EI_v}-\frac{\rho R^2}{E}\right)\frac{\partial^3 u}{\partial t^2 \partial \alpha}
$$

$$
+\left(\frac{\rho R^2}{k'G}-\frac{\rho R^2}{E}\right)\frac{\partial^4 w}{\partial t^2 \partial \alpha^2}-\left(\frac{\rho R^2}{E}+\frac{\rho AR^4}{EI_v}\right)\frac{\partial^2 w}{\partial t^2}-\frac{\rho^2 R^4}{Ek'G}\,\frac{\partial^4 w}{\partial t^4}
$$

$$
=\frac{\rho R^3}{Ek'AG}\left(\frac{\partial^3 F_u}{\partial t^2 \partial \alpha}-\frac{\partial^2 F_w}{\partial t^2}\right)+\frac{R^3}{EI_v}\left(\frac{\partial F_u}{\partial \alpha}-F_w\right)-\frac{R}{k'AG}\left(\frac{\partial^3 F_u}{\partial \alpha^3}-\frac{\partial^2 F_w}{\partial \alpha^2}\right)
$$

$$(6.27)$$

对于浮架的平面内变形,从振动模态(mode of vibration)来讲,一般分为三种模态:伸缩模态(extensional mode),不伸缩模态(flexural/in-extensional mode)和扭转模态(torsional mode)。但

是由于伸缩模态和扭转模态的本征频率远远高于不伸缩模态的本征频率,使得只有不伸缩模态具有实际应用价值。所以本文采有不伸缩模态,即认为浮架经历平面内变形后总的周长并不变化,这样就有下面的关于变形 u 和 w 的关系

$$\frac{\partial w}{\partial \alpha} = u \qquad (6.28)$$

将这个关系代入方程(6.27)中,有

$$\frac{\partial^6 w}{\partial \alpha^6} + 2\frac{\partial^4 w}{\partial \alpha^4} + \frac{\partial^2 w}{\partial \alpha^2} + \frac{\rho^2 R^4}{Ek'G}\frac{\partial^6 w}{\partial t^4 \partial \alpha^2} - \frac{\rho^2 R^4}{Ek'G}\frac{\partial^4 w}{\partial t^4}$$
$$- \left(\frac{\rho R^2}{E} + \frac{\rho R^2}{k'G}\right)\frac{\partial^6 w}{\partial t^2 \partial \alpha^4} - \left(2\frac{\rho R^2}{E} - \frac{\rho A R^4}{EI_v} - \frac{\rho R^2}{k'G}\right)\frac{\partial^4 w}{\partial t^2 \partial \alpha^2} - \left(\frac{\rho R^2}{E} + \frac{\rho A R^4}{EI_v}\right)\frac{\partial^2 w}{\partial t^2}$$
$$= \frac{\rho R^3}{Ek'AG}\left(\frac{\partial^3 F_u}{\partial t^2 \partial \alpha} - \frac{\partial^2 F_w}{\partial t^2}\right) + \frac{R^3}{EI_v}\left(\frac{\partial F_u}{\partial \alpha} - F_w\right) - \frac{R}{k'AG}\left(\frac{\partial^3 F_u}{\partial \alpha^3} - \frac{\partial^2 F_w}{\partial \alpha^2}\right)$$

$$(6.29)$$

与平面外的控制方程采用相同的处理方法,由于弹性模量和剪切模量乘积的量级相当大,所以忽略分母中含有 E 和 G 这两项乘积的项,得到

$$\frac{\partial^6 w}{\partial \alpha^6} + 2\frac{\partial^4 w}{\partial \alpha^4} + \frac{\partial^2 w}{\partial \alpha^2}$$
$$- \left(\frac{\rho R^2}{E} + \frac{\rho R^2}{k'G}\right)\frac{\partial^6 w}{\partial t^2 \partial \alpha^4} - \left(2\frac{\rho R^2}{E} - \frac{\rho A R^4}{EI_v} - \frac{\rho R^2}{k'G}\right)\frac{\partial^4 w}{\partial t^2 \partial \alpha^2} - \left(\frac{\rho R^2}{E} + \frac{\rho A R^4}{EI_v}\right)\frac{\partial^2 w}{\partial t^2}$$
$$= \frac{R^3}{EI_v}\left(\frac{\partial F_u}{\partial \alpha} - F_w\right) - \frac{R}{k'AG}\left(\frac{\partial^3 F_u}{\partial \alpha^3} - \frac{\partial^2 F_w}{\partial \alpha^2}\right)$$

$$(6.30)$$

同样利用浮架的闭合性特点,运用模态迭加法,假设浮架微段的切向变形为

$$w = \sum_{i=2}^{N}\left[\tau_i{}^s(t)\sin(i\alpha) + \tau_i{}^c(t)\cos(i\alpha)\right] \qquad (6.31)$$

对于浮架平面内变形模态，图 6.6 给出了其四个模态的侧视图，即模态数分别为 $i = 2,3,4,5$。

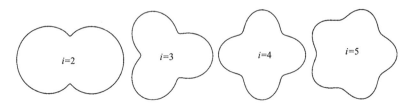

图 6.6　浮架平面内变形模态

Fig. 6.6　The in-plane deformation modes of floating collar

将环向变形的表达式(6.31)代入上面的方程(6.30)，得

$$
\sum_{i=2}^{N}\left[-i^6\tau_i^s(t)\sin(i\alpha)-i^6\tau_i^c(t)\cos(i\alpha)\right]
$$

$$
+2\sum_{i=2}^{N}\left[i^4\tau_i^s(t)\sin(i\alpha)+i^4\tau_i^c(t)\cos(i\alpha)\right]
$$

$$
+\sum_{i=2}^{N}\left[-i^2\tau_i^s(t)\sin(i\alpha)-i^2\tau_i^c(t)\cos(i\alpha)\right]
$$

$$
-\left(\frac{\rho R^2}{E}+\frac{\rho R^2}{k'G}\right)\sum_{i=2}^{N}\left[i^4\frac{\partial^2\tau_i^s}{\partial t^2}(t)\sin(i\alpha)+i^4\frac{\partial^2\tau_i^c}{\partial t^2}\cos(i\alpha)\right]
$$

$$
-\left(2\frac{\rho R^2}{E}-\frac{\rho AR^4}{EI_v}-\frac{\rho R^2}{k'G}\right)\sum_{i=2}^{N}\left[-i^2\frac{\partial^2\tau_i^s}{\partial t^2}\sin(i\alpha)-i^2\frac{\partial^2\tau_i^c}{\partial t^2}\cos(i\alpha)\right]
$$

$$
-\left(\frac{\rho R^2}{E}+\frac{\rho AR^4}{EI_v}\right)\sum_{i=2}^{N}\left[\frac{\partial^2\tau_i^s}{\partial t^2}\sin(i\alpha)+\frac{\partial^2\tau_i^c}{\partial t^2}\cos(i\alpha)\right]
$$

$$
=\frac{R^3}{EI_v}\left(\frac{\partial F_u}{\partial\alpha}-F_w\right)-\frac{R}{KAG}\left(\frac{\partial^3 F_u}{\partial\alpha^3}-\frac{\partial^2 F_w}{\partial\alpha^2}\right)
$$

$$
(6.32)
$$

与前面求解平面外变形的控制方程相类似,利用三角函数的正交性(6.10),在方程(6.32)的两边同时乘以 $\sin(j\alpha)$ 或 $\cos(j\alpha)$ 其中,$j = 2,\cdots,J$,并在$[0,2\pi]$上对 α 积分,得到

$$\pi\rho R^2\left[(i^2-1)^2 I_v + i^2(i^2+1)\frac{I_v}{k'}\frac{E}{G} + (i^2+1)AR^2\right]\frac{\partial^2 \tau_i^s}{\partial t^2}$$

$$= R\left(\frac{i^2}{k'}\frac{I_v}{A}\frac{E}{G} + R^2\right)\left[i\int_0^{2\pi} F_u\cos(i\alpha)\mathrm{d}\alpha + \int_0^{2\pi} F_w\sin(i\alpha)\mathrm{d}\alpha\right] - \pi EI_v(i^3-i)^2\tau_i^s$$

和

$$\rho R^2\left[(i^2-1)^2 I_v + i^2(i^2+1)\frac{I_v}{k'}\frac{E}{G} + (i^2+1)AR^2\right]\frac{\partial^2 \tau_i^c}{\partial t^2}\pi$$

$$=-R\left(\frac{i^2}{k'}\frac{I_v}{A}\frac{E}{G} + R^2\right)\left[i\int_0^{2\pi} F_u\sin(i\alpha)\mathrm{d}\alpha - \int_0^{2\pi} F_w\cos(i\alpha)\mathrm{d}\alpha\right] - \pi EI_v(i^3-i)^2\tau_i^c$$

$$(6.33)$$

方程(6.33)是用来求解浮架微段的平面内环向变形的时间模态的控制方程。可以发现浮架环向变形 w 的两个时间模态 τ_i^s 和 τ_i^c 对时间的二阶时间导数前的系数是相同的,只是外力的形式不同,这给数值计算带来很多便利。

6.3.2 浮架弯曲转角 ϕ_v 的控制方程

按照上面求解浮架平面内变形的过程,对于平面内的内力平衡方程(6.22)和其表达式(6.23),也可在代入内力表达式后消掉径向和切向变形(推导过程从略),得到关于弯曲转角 ϕ_v 的控制方程为

$$\frac{\partial^6 \phi_v}{\partial \alpha^6} + 2\frac{\partial^4 \phi_v}{\partial \alpha^4} + \frac{\partial^2 \phi_v}{\partial \alpha^2} + \frac{\rho^2 R^4}{Ek'G}\frac{\partial^6 \phi_v}{\partial t^4 \partial \alpha^2} - \frac{\rho^2 R^4}{Ek'G}\frac{\partial^4 \phi_v}{\partial t^4}$$

$$- \left(\frac{\rho R^2}{E} + \frac{\rho R^2}{k'G}\right)\frac{\partial^6 \phi_v}{\partial t^2 \partial \alpha^4} - \left(2\frac{\rho R^2}{E} - \frac{\rho R^2}{k'G} - \frac{\rho AR^4}{EI_v}\right)\frac{\partial^4 \phi_v}{\partial t^2 \partial \alpha^2} - \left(\frac{\rho R^2}{E} + \frac{\rho AR^4}{EI_v}\right)\frac{\partial^2 \phi_v}{\partial t^2}$$

$$= \frac{R^2}{EI_v}\left(\frac{\partial^3 F_u}{\partial \alpha^3} - \frac{\partial^2 F_w}{\partial \alpha^2} + \frac{\partial F_u}{\partial \alpha} - F_w\right) \tag{6.34}$$

对上面的方程同样忽略分母中含有弹性模量和剪切模量乘积的项,有

$$
\frac{\partial^6 \phi_v}{\partial \alpha^6} + 2\frac{\partial^4 \phi_v}{\partial \alpha^4} + \frac{\partial^2 \phi_v}{\partial \alpha^2}
$$

$$
- \left(\frac{\rho R^2}{E} + \frac{\rho R^2}{k'G}\right)\frac{\partial^6 \phi_v}{\partial t^2 \partial \alpha^4} - \left(2\frac{\rho R^2}{E} - \frac{\rho R^2}{k'G} - \frac{\rho A R^4}{EI_v}\right)\frac{\partial^4 \phi_v}{\partial t^2 \partial \alpha^2} - \left(\frac{\rho R^2}{E} + \frac{\rho A R^4}{EI_v}\right)\frac{\partial^2 \phi_v}{\partial t^2}
$$

$$
= \frac{R^2}{EI_v}\left(\frac{\partial^3 F_u}{\partial \alpha^3} - \frac{\partial^2 F_w}{\partial \alpha^2} + \frac{\partial F_u}{\partial \alpha} - F_w\right)
$$

$$(6.35)$$

方程(6.35)就是用于求解浮架微段上对应角为 α 点上的绕 v 轴的弯曲转角 ϕ_v 的控制方程。与浮架环向变形的表达法相似,考虑模态迭加法,假设

$$
\phi_v = \sum_{i=2}^{J}\left[\Psi_i^s(t)\sin(i\alpha) + \Psi_i^c(t)\cos(i\alpha)\right] \qquad (6.36)
$$

将此式代入方程(6.35),得到

$$
\sum_{i=2}^{N}\left[-i^6\Psi_i^s(t)\sin(i\alpha) - i^6\Psi_i^c(t)\cos(i\alpha)\right] + 2\sum_{i=2}^{N}\left[i^4\Psi_i^s(t)\sin(i\alpha)\right.
$$

$$
\left. + i^4\Psi_i^c(t)\cos(i\alpha)\right] + \sum_{i=2}^{N}\left[-i^2\Psi_i^s(t)\sin(i\alpha) - i^2\Psi_i^c(t)\cos(i\alpha)\right]
$$

$$
- \left(\frac{\rho R^2}{E} + \frac{\rho R^2}{kG}\right)\sum_{i=2}^{N}\left[i^4\frac{\partial^2 \Psi_i^s}{\partial t^2}\sin(i\alpha) + i^4\frac{\partial^2 \Psi_i^c}{\partial t^2}\cos(i\alpha)\right]
$$

$$
- \left(2\frac{\rho R^2}{E} - \frac{\rho R^2}{k'G} - \frac{\rho A R^4}{EI_v}\right)\sum_{i=2}^{N}\left[-i^2\frac{\partial^2 \Psi_i^s}{\partial t^2}\sin(i\alpha) - i^2\frac{\partial^2 \Psi_i^c}{\partial t^2}\cos(i\alpha)\right]
$$

$$
- \left(\frac{\rho R^2}{E} + \frac{\rho A R^4}{EI_v}\right)\sum_{i=2}^{N}\left[\frac{\partial^2 \Psi_i^s}{\partial t^2}\sin(i\alpha) + \frac{\partial^2 \Psi_i^c}{\partial t^2}\cos(i\alpha)\right]
$$

$$
= \frac{R^2}{EI_v}\left(\frac{\partial^3 F_u}{\partial \alpha^3} - \frac{\partial^2 F_w}{\partial \alpha^2} + \frac{\partial F_u}{\partial \alpha} - F_w\right)
$$

$$(6.37)$$

利用三角函数的正交性(6.10),在方程的两边同时乘以 $\sin(j\alpha)$ 或 $\cos(j\alpha)$ $j = 2,\cdots,J$,并在 $[0,2\pi]$ 上对 α 积分,这样可以得到关于时间模态 $\Psi_i^s(t)$ 和 $\Psi_i^c(t)$ 的控制方程

$$\pi\rho R^2\left[(i^2-1)^2 I_v + i^2(i^2+1)\frac{I_v}{k}\frac{E}{G} + (i^2+1)AR^2\right]\frac{\partial^2 \Psi_i^s}{\partial t^2}$$

$$= -R^2(i^2-1)\left[i\int_0^{2\pi}F_u\cos(i\alpha)\,\mathrm{d}\alpha + \int_0^{2\pi}F_w\sin(i\alpha)\,\mathrm{d}\alpha\right] - EI_v\pi(i^3-i)^2\Psi_i^s$$

和 $\qquad\qquad\qquad\qquad\qquad\qquad\qquad\qquad i = 1,2,3,\cdots J$

$$\pi\rho R^2\left[I_v(i^2-1)^2 + i^2(i^2+1)\frac{I_v}{k'}\frac{E}{G} + (i^2+1)AR^2\right]\frac{\partial^2 \Psi_i^c}{\partial t^2}$$

$$= R^2(i^2-1)\left[i\int_0^{2\pi}F_u\sin(i\alpha)\,\mathrm{d}\alpha - \int_0^{2\pi}F_w\cos(j\alpha)\,\mathrm{d}\alpha\right] - EI_v\pi(i^3-i)^2\Psi_i^c$$

$$(6.38)$$

对比环向变形和弯曲角的时间模态控制方程(6.33)和(6.38),不难发现:方程等号左边的加速度和角加速度前的系数是一致的,而等号右边的外力积分前的系数也是相同的,所以对于浮架的平面内变形控制方程作如下的简化表达为

$$\begin{cases}C_l^i\dfrac{\partial^2 \tau_i^s}{\partial t^2} = C_{rt}^i\left[i\displaystyle\int_0^{2\pi}F_u\cos(i\alpha)\,\mathrm{d}\alpha + \int_0^{2\pi}F_w\sin(i\alpha)\,\mathrm{d}\alpha\right] - C_e^o\tau_i^s\\[3mm] C_l^i\dfrac{\partial^2 \tau_i^c}{\partial t^2} = -C_{rt}^i\left[i\displaystyle\int_0^{2\pi}F_u\sin(i\alpha)\,\mathrm{d}\alpha - \int_0^{2\pi}F_w\cos(i\alpha)\,\mathrm{d}\alpha\right] - C_e^o\tau_i^c\\[3mm] C_l^i\dfrac{\partial^2 \Psi_i^s}{\partial t^2} = C_{r\Psi}^i\left[i\displaystyle\int_0^{2\pi}F_u\cos(i\alpha)\,\mathrm{d}\alpha + \int_0^{2\pi}F_w\sin(i\alpha)\,\mathrm{d}\alpha\right] - C_e^o\Psi_i^s\\[3mm] C_l^i\dfrac{\partial^2 \Psi_i^c}{\partial t^2} = -C_{r\Psi}^i\left[i\displaystyle\int_0^{2\pi}F_u\sin(i\alpha)\,\mathrm{d}\alpha - \int_0^{2\pi}F_w\cos(i\alpha)\,\mathrm{d}\alpha\right] - C_e^o\Psi_i^c\end{cases}$$

$$(6.39)$$

上面方程中的系数均用单个符号表示为

$$C_l^i = \pi\rho R^2 \left[(i^2 - 1)^2 I_v + i^2(i^2 + 1)\frac{I_v}{k}\frac{E}{G} + (i^2 + 1)AR^2 \right]$$

$$C_{rt}^i = R\left(\frac{i^2}{k}\frac{I_v}{A}\frac{E}{G} + R^2 \right) \tag{6.40}$$

$$C_{r\Psi}^i = -R^2(i^2 - 1)$$

$$C_e^i = \pi E I_v(i^3 - i)^2$$

在上面五个系数变量中,上标 i 表示此系数是用于计算平面内的变形,下标 l 和 r 分别表示此系数是在方程的左边和右边,而另外的下标则表示这个系数是用于求解不同参数的方程,这与平面外控制方程中标明系数的方法是一致的。

通过上面的一系列的推导,得到总共 $4\times(J-1)$ 个微分方程 (6.33) 和 (6.38),用于计算浮架的平面内变形。经过对比不难发现:上述方程中,关于 τ_i^c 和 τ_i^s、$\Psi_i^c(t)$ 和 $\Psi_i^s(t)$ 的加速度前面的系数是一致的,只是右边外力的积分形式不同,这说明平面内变形以及弯曲转角的自振频率是一致的,也就是平面内变形的本征频率。当然,这样简洁的控制方程也使数值计算变得非常容易。

7 浮架运动和变形的耦合解析

在前面的分析中,本文将浮架简化为一浮架,运用欧拉方程和曲梁理论分别得到了关于浮架的运动和变形的控制方程。本章的目的就是将浮架的运动及变形方程耦合到一起,以求解浮架的水弹性问题。这种耦合是通过浮架所受波浪力来体现的。由于浮架的截面尺度远远小于波长,这样就可以采用莫里森方程来计算浮架所受的波浪力。在莫里森方程中波浪力被表示成拖曳力、附加质量力及惯性力的和的形式,其中拖曳力是与水质点相对于同样位置处浮架微段的速度平方成正比的,而附加质量力与水质点和同样位置处环微段的相对加速度相关,这就是说在求解浮架变形中所受波浪力时,必须知道浮架的运动响应,这样就体现了这一章要说明的耦合关系。下面详细说明浮架运动和变形的耦合情况。

7.1 浮架所受波浪力

对于重力式网箱的浮架来讲,虽然它的跨度很大,但是其截面直径要比常见的波长小得多,可以把它作为小尺度漂浮杆件,所以这里用莫里森方程(Morison formula)来计算其所受的波浪力。

莫里森方程是由莫里森在 1950 年提出的,这个著名的半经验公式最初被提出是针对静止于水中的细长杆件,用于计算其单位长度的水流力。考虑到杆件的断面尺度要比波长小很多,以至于它对流场的影响很小,所以忽略了杆件对流场的散射。莫里森等人将波浪力表示成拖曳力和惯性力两项的和,拖曳力与水流速度的平方成正比,而惯性力与水流加速度成正比,并在两个力上乘以经验系数,得到了最初的公式,其中经验系数已经通过大量的试验给出了。由于莫里森方程形式简单,求解方便,所以在工程领域得到了广泛的应用。在莫里森方程的使用过程中,由于某些构件在波浪的作用下产生运动,起初的形式已经不再适合,所以人们对莫里森方程作了简单的修改,以应用于那些运动的小尺度构件所受的水流力。本文所分析的浮架就在波浪作用下有较明显的运动,所以使用改进的形式。

$$f = \rho_w C_D S \frac{V_{rel} \mid V_{rel} \mid}{2} + \rho_w K_m \forall \frac{\partial V_{rel}}{\partial t} + \rho_w \forall \frac{\partial V}{\partial t} \quad (7.1)$$

上式(7.1)中,S 表示单位长度杆件浸入水体的投影面积,$\forall$ 表示单位长度杆件浸入水体的体积,ρ_w 表示水的密度,另外下标 rel 表示速度或加速度是水质点和杆件的相对速度或加速度。在上面的莫里森方程中,第一项为拖曳力(drag force),它是与水质点和杆件的相对速度的平方成正比的,是一个非线性项,其中 C_D 为拖曳力系数;第二项为附加质量力(added mass force),它是与水质点和杆件的相对加速度相关的,其中 K_m 为附加质量系数;第三项为惯性力(inertial force),它与水质点的加速度成正比。对于两个水动力系数,是通过大量的试验和理论研究得到的。另外,可以发现式(7.1)给出的形式是一个矢量形式,也就是说,这个表达式所表示的波浪力是定义了方向的,其方向与水流的方向一致,且垂直于构件的轴线。

对于浮架所受波浪力,由于其轴线是曲线,所以这里将浮架分为无数小段,将其微段看成是直杆,将浮架微段上所受的波浪力用式(7.1)来计算。由于波浪力的方向垂直于浮架微段的轴线,所以这里考虑微段所受波浪力有三个方向,即在浮架平面内的法线方向和环向方向,其中法线方向由圆心向外,环向方向垂直于浮架断面,分别沿着局部坐标系中 n 轴和 w 轴;另外还有平面外方向的波浪力,与局部坐标系的 v 轴同向。图7.1绘出了浮架微段所受的波浪力,这里选取的浮架微段的位置角度为 α。

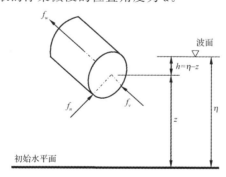

图7.1 浮架微段所受波浪力

Fig. 7.1 Wave forces on mini-segment of floating collar

在计算这三个波浪力拖曳力的时候,需要计算三个方向的浮架微段单位长度的湿投影面积 S_n, S_w 和 S_v。对于浮架微段的入水总共有四种情况:完全入水 $h > r$;部分入水,这里包括其截面中心在波面之上 $0 < h \leqslant r$ 和在波面之下 $-r \leqslant h \leqslant 0$;另外还有未入水 $h < -r$。图 7.2 绘出了浮架微段截面部分入水的情况,对于另一种部分入水的情况,可以通过类似的图表示,这里不再给出。

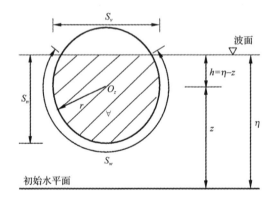

图 7.2　浮架截面

Fig. 7.2　The cross section of floating collar

图 7.2 中的阴影部分即为浮架断面部分入水的部分,断面入水深度被定义为单位长度的法向投影面积 S_n,断面入水的弧长被定义为单位长度的环向投影面积 S_w,而断面入水的最大宽度被定义为单位长度平面外的投影面积 S_v,根据上图所反映的几何关系,可

以得到计算三个方向波浪力中所用到的浮架单位长度的投影湿表面积。

$$
S_n = \begin{cases} 2r \\ r+h \\ r-h \\ 0 \end{cases}; S_w = \begin{cases} 2\pi r \\ \pi r + 2r \arcsin(\mid h \mid /r) \\ \pi r - 2r \arcsin(\mid h \mid /r) \\ 0 \end{cases};
$$

$$
S_v = \begin{cases} 2r & h > r \\ 2r & 0 < h \leqslant r \\ 2\sqrt{r^2 - h^2} & -r \leqslant h \leqslant 0 \\ 0 & h < -r \end{cases} \quad \text{当}
$$

(7.2)

上式(7.2)中,r 表示浮架断面的半径,h 表示波面升高 η 和浮架断面中心点 z 之间的高差 $h = \eta - z$。另外,在计算波浪力的加速度力时,单位长度浮架浸入水中的体积 $\forall$ 就是图 7.2 中所显示的阴影面积,也分为四种情况计算,如下

$$
\forall = \begin{cases} \pi r^2 & h > r \\ \dfrac{\pi r^2}{2} + \mid h \mid \sqrt{r^2 - h^2} + r^2 \arcsin(\mid h \mid /r) & 0 < h \leqslant r \\ \dfrac{\pi r^2}{2} - \mid h \mid \sqrt{r^2 - h^2} - r^2 \arcsin(\mid h \mid /r) & -r \leqslant h \leqslant 0 \\ 0 & h < -r \end{cases}
$$

(7.3)

上面给出了浮架微段所受波浪力计算中所需要的单位长度的断面投影面积和体积,另外莫里森方程中,还需要知道水质点的速度和加速度以及浮架运动的速度和加速度,下面就介绍关于相对速度和加速度的计算方法。

首先,水质点的速度和加速度通过二阶波浪理论得到,值得注意的是它们是整体坐标系下的表达式。对于浮架的平移运动——横荡、纵荡和升沉,这里同样用整体坐标系下的变量表示,分别为 x_g、y_g 和 z_g,即沿整体坐标系的 x 轴、y 轴和 z 轴的平动位移。不过,浮架所受的波浪力是在局部坐标系下计算的,所以莫里森方程中的相对速度和相对加速度也要换算到局部坐标系下。

利用第二章所提到的变换矩阵,可以将整体坐标系沿着轴、轴和轴的相对速度($V_{ux} - \dfrac{\mathrm{d}x_g}{\mathrm{d}t}$,$V_{wy} - \dfrac{\mathrm{d}y_g}{\mathrm{d}t}$ 和 $V_{uz} - \dfrac{\mathrm{d}z_g}{\mathrm{d}t}$)转换到物体坐标系下,其中 V_{ux},V_{wy} 和 V_{uz} 分别表示水质点在整体坐标系下沿 x,y 和 z 轴的速度。这里用下标 $1,2,3$ 分别表示这个速度是在物体坐标系下的沿 $1,2,3$ 轴的速度,下标 rel 表示这个速度是水质点相对于浮架微段的相对速度,所以物体坐标系下水质点相对于浮架的相对速度为

$$\left\{ \begin{aligned} V_{1rel} &= q_{11}\left(V_{ux} - \frac{\mathrm{d}x_g}{\mathrm{d}t}\right) + q_{12}\left(V_{wy} - \frac{\mathrm{d}y_g}{\mathrm{d}t}\right) + q_{13}\left(V_{uz} - \frac{\mathrm{d}z_g}{\mathrm{d}t}\right) + R\sin\alpha\omega_3 \\ V_{2rel} &= q_{21}\left(V_{ux} - \frac{\mathrm{d}x_g}{\mathrm{d}t}\right) + q_{22}\left(V_{wy} - \frac{\mathrm{d}y_g}{\mathrm{d}t}\right) + q_{23}\left(V_{uz} - \frac{\mathrm{d}z_g}{\mathrm{d}t}\right) - R\cos\alpha\omega_3 \\ V_{3rel} &= q_{31}\left(V_{ux} - \frac{\mathrm{d}x_g}{\mathrm{d}t}\right) + q_{32}\left(V_{wy} - \frac{\mathrm{d}y_g}{\mathrm{d}t}\right) + q_{33}\left(V_{uz} - \frac{\mathrm{d}z_g}{\mathrm{d}t}\right) - R\sin\alpha\omega_1 + R\cos\alpha\omega_2 \end{aligned} \right.$$

$$(7.4)$$

上式(7.4)中 ω_1,ω_2 和 ω_3 是浮架绕物体坐标系的 $1,2,3$ 轴的转动角速度,q_{ii} 表示转换矩阵中对应位置的项,下面的表示方法相同。不过,浮架微段所受波浪力是在局部坐标系下建立的,所以还要将物体坐标系下的相对速度 V_{1rel},V_{2rel} 和 V_{3rel} 转换到局部坐标系下。由于物体坐标系和局部坐标系中只是平面内的坐标轴不同,所

以这里给出了沿 n 轴和 w 轴方向的相对速度，如下

$$
\begin{cases}
V_{nrel} = (\cos \alpha q_{11} + \sin \alpha q_{21})\left(V_{ux} - \dfrac{\mathrm{d}x_g}{\mathrm{d}t}\right) + (\cos \alpha q_{12} + \sin \alpha q_{22})\left(V_{uy} - \dfrac{\mathrm{d}y_g}{\mathrm{d}t}\right) \\
\qquad + (\cos \alpha q_{13} + \sin \alpha q_{23})\left(V_{uz} - \dfrac{\mathrm{d}z_g}{\mathrm{d}t}\right) \\
\boldsymbol{V}_{urel} = (\cos \alpha q_{21} - \sin \alpha q_{11})\left(V_{ux} - \dfrac{\mathrm{d}x_g}{\mathrm{d}t}\right) + (\cos \alpha q_{22} - \sin \alpha q_{12})\left(V_{uy} - \dfrac{\mathrm{d}y_g}{\mathrm{d}t}\right) \\
\qquad + (\cos \alpha q_{23} - \sin \alpha q_{13})\left(V_{uz} - \dfrac{\mathrm{d}z_g}{\mathrm{d}t}\right) - R\omega_3
\end{cases}
$$

$$(7.5)$$

上式(7.5)得到的就是水质点相对于浮架微段沿 n 轴和 w 轴的相对速度，可以用来求解微段上三个方向波浪力的拖曳力。对于相对加速度，通过上面相似的推导过程便可以得到，这里直接给出沿 n 轴、w 轴和 v 轴的相对加速度。

$$
\begin{cases}
a_{nrel} = (\cos \alpha q_{11} + \sin \alpha q_{21})a_{ux} + (\cos \alpha q_{12} + \sin \alpha q_{22})a_{wy} + (\cos \alpha q_{13} + \sin \alpha q_{23})a_{uz} \\
\qquad - (\cos \alpha q_{11} + \sin \alpha q_{21})\dfrac{\mathrm{d}^2 x_g}{\mathrm{d}t^2} - (\cos \alpha q_{12} + \sin \alpha q_{22})\dfrac{\mathrm{d}^2 y_g}{\mathrm{d}t^2} \\
\qquad - (\cos \alpha q_{13} + \sin \alpha q_{23})\dfrac{\mathrm{d}^2 z_g}{\mathrm{d}t^2} \\
\qquad + \omega_1^2 R \sin \alpha \sin \alpha + \omega_2{}^2 R \cos \alpha \cos \alpha + \omega_3{}^2 R - 2\omega_1\omega_2 R \sin \alpha \cos \alpha \\
a_{urel} = (\cos \alpha q_{21} - \sin \alpha q_{11})a_{ux} + (\cos \alpha q_{22} - \sin \alpha q_{12})a_{wy} + (\cos \alpha q_{23} - \sin \alpha q_{13})a_{uz} \\
\qquad - (\cos \alpha q_{21} - \sin \alpha q_{11})\dfrac{\mathrm{d}^2 x_g}{\mathrm{d}t^2} - (\cos \alpha q_{22} - \sin \alpha q_{12})\dfrac{\mathrm{d}^2 y_g}{\mathrm{d}t^2} \\
\qquad - (\cos \alpha q_{23} - \sin \alpha q_{13})\dfrac{\mathrm{d}^2 z_g}{\mathrm{d}t^2} \\
\qquad - R\dfrac{d\omega_3}{dt} + (\omega_1{}^2 - \omega_2{}^2)R \sin \alpha \cos \alpha + \omega_1\omega_2 R(\sin \alpha \sin \alpha - \cos \alpha \cos \alpha) \\
a_{vrel} = q_{31}a_{ux} + q_{32}a_{wy} + q_{33}a_{uz} - q_{31}\dfrac{\mathrm{d}^2 x_g}{\mathrm{d}t^2} - q_{32}\dfrac{\mathrm{d}^2 y_g}{\mathrm{d}t^2} - q_{33}\dfrac{\mathrm{d}^2 z_g}{\mathrm{d}t^2} \\
\qquad - R\sin \alpha \dfrac{d\omega_1}{dt} + R\cos \alpha \dfrac{d\omega_2}{dt} - \omega_3\omega_1 R\cos \alpha - \omega_3\omega_2 R\sin \alpha
\end{cases}
$$

$$(7.6)$$

从上式(7.6)中得到的水质点相对于浮架微段在物体坐标系下的相对加速度可以看到,其中不仅包括了水质点的速度和加速度,而且还包括了浮架的平移加速度和转动角速度。另外,莫里森方程中的惯性力是与水质点的加速度成正比的,这三个方向的加速度可以由上式(7.6)中关于浮架的运动的项去掉而得。

7.2 浮架运动方程和变形方程的耦合

通过上一节的分析,可以发现波浪力的表达式中包括了浮架的运动。当把水质点相对于浮架微段的速度和加速度代入莫里森方程中,然后将波浪力的表达式代入第二章和第三章分别得到的运动和变形的方程中,就能清楚地看到其中的耦合关系。这一节就是来详细介绍这种耦合关系。

首先,把上一节的相对速度和相对加速度代入莫里森方程中,得到局部坐标系下的三个方向的波浪力计算式

$$
\begin{cases}
f_n = \rho_w \left(C_{Dn} S_n \dfrac{V_{nrel} \mid V_{nrel} \mid}{2} + \forall \dfrac{\partial V_{nw}}{\partial t} + K_m \forall \dfrac{\partial V_{nrel}}{\partial t} \right) \\[3mm]
f_w = \rho_w \left(C_{Dw} S_w \dfrac{V_{wrel} \mid V_{wrel} \mid}{2} + \forall \dfrac{\partial V_{ww}}{\partial t} + K_m \forall \dfrac{\partial V_{wrel}}{\partial t} \right) \\[3mm]
f_v = \rho_w \left(C_{Dv} S_v \dfrac{V_{vrel} \mid V_{vrel} \mid}{2} + \forall \dfrac{\partial V_{vw}}{\partial t} + K_m \forall \dfrac{\partial V_{vrel}}{\partial t} \right)
\end{cases} \tag{7.7}
$$

值得注意的是在三个方向波浪力的拖曳力中,用了三个拖曳力

系数 C_{Dn}，C_{Dw} 和 C_{Dv} 来计算，这是因为环向的波浪力是由摩擦力引起的，平行于浮架微段轴线，而法向和平面外的波浪力是垂直于浮架微段的轴线的。所以，环向波浪力的拖曳力系数 C_{Dw} 与法向 C_{Dn} 和平面外波浪力的拖曳力系数 C_{Dv} 的取值不同。本文中法向和平面外波浪力的拖曳力系数是相等的，具体取值将在后面章节给出。

7.2.1　浮架运动方程的耦合分析

浮架的平动位移是指浮架质心的平移，而浮架的转动则是指绕其主轴和质心的转动，所以运动方程中的力要计算浮架的整体受力。上式(7.7)所得到的波浪力是在局部坐标系下建立的，而运动方程是在物体坐标系下建立的，所以在上面的波浪力代入运动方程中时，是需要把局部坐标系的波浪力转化到物体坐标系上。根据第二章介绍的转换规则，下面给出了物体坐标系下浮架所受的波浪力

$$\begin{cases} \int\limits_0^{2\pi} f_1 R\,\mathrm{d}\alpha = \int\limits_0^{2\pi} f_n \cos\alpha\, R\,\mathrm{d}\alpha - \int\limits_0^{2\pi} f_w \sin\alpha\, R\,\mathrm{d}\alpha \\[2mm] \int\limits_0^{2\pi} f_2 R\,\mathrm{d}\alpha = \int\limits_0^{2\pi} f_n \sin\alpha\, R\,\mathrm{d}\alpha + \int\limits_0^{2\pi} f_w \cos\alpha\, R\,\mathrm{d}\alpha \\[2mm] \int\limits_0^{2\pi} f_3 R\,\mathrm{d}\alpha = \int\limits_0^{2\pi} f_v R\,\mathrm{d}\alpha \end{cases} \quad (7.8)$$

上式(7.8)给出的是波浪力的积分形式，这是用于浮架平动方程中求解浮架所受的总的波浪力，其中第三个式子所显示的沿 3 轴

的波浪力积分就是沿 v 轴的微段上所受波浪力 f_v 在整个浮架上的合力,这是因为物体坐标系的 3 轴和局部坐标系的 v 轴的方向是一致的,都是垂直于浮架平面向上,只不过 3 轴是在浮架的中心,而 v 轴是在浮架的微段上。将上式直接代入浮架的平动方程中,并将含有浮架的位移和转角的项移到方程的左边,就得到计算所用得到的微分方程。这里需要说明的是,真实的浮架是由两根浮管组成的,所以波浪力、浮力和重力都应该是两倍。

(1) 浮架沿 1 轴的平移运动方程:

$$
q_{11}\left(2\rho\pi A + \rho_w K_m \int_0^{2\pi} \forall \, \mathrm{d}\alpha\right)\frac{\partial^2 x_g}{\partial t^2} + q_{12}\left(2\rho\pi A + \rho_w K_m \int_0^{2\pi} \forall \, \mathrm{d}\alpha\right)\frac{\partial^2 y_g}{\partial t^2}
$$

$$
+ q_{13}\left(2\rho\pi A + \rho_w K_m \int_0^{2\pi} \forall \, \mathrm{d}\alpha\right)\frac{\partial^2 z_g}{\partial t^2} - \rho_w K_m R \int_0^{2\pi} \forall \sin\alpha \, \mathrm{d}\alpha \frac{\mathrm{d}\omega_3}{\mathrm{d}t}
$$

$$
= \rho_w \left\{ \begin{array}{l} \int_0^{2\pi}\left[C_{Dn}S_n \dfrac{V_{nrel}\,|\,V_{nrel}\,|}{2} + (K_m+1)\forall \dfrac{\partial V_{nw}}{\partial t}\right]\cos\alpha \, \mathrm{d}\alpha \\[4mm] - \int_0^{2\pi}\left[C_{Dw}S_w \dfrac{V_{wrel}\,|\,V_{wrel}\,|}{2} + (K_m+1)\forall \dfrac{\partial V_{ww}}{\partial t}\right]\sin\alpha \, \mathrm{d}\alpha \end{array} \right\} \quad (7.9)
$$

$$
+ \rho_w K_m R\left[\left(\int_0^{2\pi}\forall \cos\alpha \, \mathrm{d}\alpha\right)(\omega_2{}^2 + \omega_3{}^2) - \left(\int_0^{2\pi}\forall \sin\alpha \, \mathrm{d}\alpha\right)\omega_1\omega_2\right]
$$

$$
+ q_{13}\left(\rho_w \int_0^{2\pi}\forall \, \mathrm{d}\alpha - 2\pi\rho A\right)g + \frac{F_{l1}}{2R} - 2\pi\rho A(V_3\omega_2 - V_2\omega_3)
$$

上面给出的沿 1 轴的平动方程(7.9)为浮架平面内的运动方程,等号左边是惯性力和由平动加速度和回转加速度引起的附加质量力;等号右边第一项为浮架沿 1 轴的外力,其中第一项中的前两个积分分别为法向和环向的拖曳力以及水质点加速度力,第二项为由浮架的转动角速度引起的附加质量力,第三项为浮架所受浮力和重力沿 1 轴的分量,第四项 F_{l1} 和 F_{l12} 分别为锚绳力沿 1 轴的合力,而其分母中的 2 是因为浮架是由两个浮管组成,所以模型所受波浪力是两倍,而这个 2 就是推导过程中在等式两边分别除以 2 得到的,最后一项是由于浮架其他方向的平动和转动引起的。

（2）浮架沿 2 轴的平移运动方程

$$q_{21}\left(2\rho\pi A+\rho_w K_m\int_0^{2\pi}\forall\,\mathrm{d}\alpha\right)\frac{\partial^2 x_g}{\partial t^2}+q_{22}\left(2\rho\pi A+\rho_w K_m\int_0^{2\pi}\forall\,\mathrm{d}\alpha\right)\frac{\partial^2 y_g}{\partial t^2}$$

$$+q_{23}\left(2\rho\pi A+\rho_w K_m\int_0^{2\pi}\forall\,\mathrm{d}\alpha\right)\frac{\partial^2 z_g}{\partial t^2}-\rho_w K_m R\int_0^{2\pi}\forall\cos\alpha\,\mathrm{d}\,\alpha\,\frac{\mathrm{d}\omega_3}{\mathrm{d}t}$$

$$=\rho_w\left\{\begin{array}{l}\displaystyle\int_0^{2\pi}\left[C_{Dn}S_n\,\frac{\boldsymbol{V}_{nrel}\mid\boldsymbol{V}_{nrel}\mid}{2}+(K_m+1)\forall\,\frac{\partial V_{nw}}{\partial t}\right]\sin\alpha\,\mathrm{d}\,\alpha\\[4mm]\displaystyle+\int_0^{2\pi}\left[C_{Dw}S_w\,\frac{\boldsymbol{V}_{wrel}\mid\boldsymbol{V}_{wrel}\mid}{2}+(K_m+1)\forall\,\frac{\partial V_{ww}}{\partial t}\right]\cos\alpha\,\mathrm{d}\,\alpha\end{array}\right\}\quad(7.10)$$

$$+\rho_w K_m R\left[\int_0^{2\pi}\forall\sin\alpha\,\mathrm{d}\alpha(\omega_3{}^2+\omega_1{}^2)-\int_0^{2\pi}\forall\cos\alpha\,\mathrm{d}\alpha\omega_2\omega_1\right]$$

$$+q_{23}\left(\rho_w\int_0^{2\pi}\forall\,\mathrm{d}\alpha-2\pi\rho A\right)g+\frac{F_{l2}}{2R}-2\pi\rho A(V_1\omega_3-V_3\omega_1)$$

上面沿 2 轴的平动方程（7.10）也是浮架平面内的运动方程,其方程的结构和沿 1 轴的平动方程（7.9）是相同的,其中 F_{l2} 为锚绳力沿 2 轴的合力。

（3）浮架沿 3 轴的平移运动方程

$$q_{31}\left(2\rho\pi A + \rho_w K_m \int_0^{2\pi} \forall \, \mathrm{d}\alpha\right)\frac{\partial^2 x_g}{\partial t^2} + q_{32}\left(2\rho\pi A + \rho_w K_m \int_0^{2\pi} \forall \, \mathrm{d}\alpha\right)\frac{\partial^2 y_g}{\partial t^2}$$

$$+ q_{33}\left(2\rho\pi A + \rho_w K_m \int_0^{2\pi} \forall \, \mathrm{d}\alpha\right)\frac{\partial^2 z_g}{\partial t^2} + \rho_w K_m R \int_0^{2\pi} \forall \sin\alpha \mathrm{d}\alpha \frac{\mathrm{d}\omega_1}{\mathrm{d}t}$$

$$- \rho_w K_m R \int_0^{2\pi} \forall \cos\alpha \mathrm{d}\alpha \frac{\mathrm{d}\omega_2}{\mathrm{d}t}$$

(7.11)

$$= \int_0^{2\pi} \rho_w \left[C_{Dv}S_v \frac{V_{vrel} \mid \mathbf{V}_{vrel} \mid}{2} + (K_m + 1) \forall \frac{\partial V_{vw}}{\partial t} \right] \mathrm{d}\alpha$$

$$- \rho_w K_m R \left(\int_0^{2\pi} \forall \cos\alpha \mathrm{d}\alpha \omega_1 + \int_0^{2\pi} \forall \sin\alpha \mathrm{d}\alpha \omega_2 \right) \omega_3$$

$$+ q_{33}\left(\rho_w \int_0^{2\pi} \forall \, \mathrm{d}\alpha - 2\pi\rho A \right)g + \frac{F_{l3}}{2R} - 2\pi\rho A (V_2\omega_1 - V_1\omega_2)$$

上面的浮架沿 3 轴的方程(7.11)是浮架平面外的运动方程,其结构和平面内的方程相似,只是波浪力是沿 v 轴方向的,而 F_{l3} 为锚绳力沿 3 轴的合力。

从上面的三个浮架平动方程(7.9)、平动方程(7.10) 和平动方程(7.11) 中,不难发现六个自由度的运动是相互耦合的,在最后一项浮架其他运动对方程的影响中,V_1,V_2 和 V_3 分别为浮架在物体坐标系下沿 1 轴、2 轴和 3 轴的速度,这三个速度可以通过坐标变换用整体坐标系下浮架的平移速度表示,如下

$$\begin{cases} V_1 = q_{11}\dfrac{\mathrm{d}x_g}{\mathrm{d}t} + q_{12}\dfrac{\mathrm{d}y_g}{\mathrm{d}t} + q_{13}\dfrac{\mathrm{d}z_g}{\mathrm{d}t} \\[2mm] V_2 = q_{21}\dfrac{\mathrm{d}x_g}{\mathrm{d}t} + q_{22}\dfrac{\mathrm{d}y_g}{\mathrm{d}t} + q_{23}\dfrac{\mathrm{d}z_g}{\mathrm{d}t} \\[2mm] V_3 = q_{31}\dfrac{\mathrm{d}x_g}{\mathrm{d}t} + q_{32}\dfrac{\mathrm{d}y_g}{\mathrm{d}t} + q_{33}\dfrac{\mathrm{d}z_g}{\mathrm{d}t} \end{cases} \tag{7.12}$$

同样整体坐标系下和物体坐标系下的加速度也存在上面的关系，这里不多赘述，在计算中可直接将这些关系代入。

除了上面得到的浮架平动方程，将波浪力表达式(7.8)代入浮架绕物体坐标下1轴、2轴和3轴的转动方程中，也可以得到计算所要的方程。

（4）浮架绕1轴的转动方程

$$q_{31}\rho_w K_m\left(\int_0^{2\pi}\forall\sin\alpha\mathrm{d}\alpha\right)\frac{\mathrm{d}^2 x_g}{\mathrm{d}t^2} + q_{32}\rho_w K_m\left(\int_0^{2\pi}\forall\sin\alpha\mathrm{d}\alpha\right)\frac{\mathrm{d}^2 y_g}{\mathrm{d}t^2}$$

$$+ q_{33}\rho_w K_m\left(\int_0^{2\pi}\forall\sin\alpha\mathrm{d}\alpha\right)\frac{\mathrm{d}^2 z_g}{\mathrm{d}t^2}$$

$$+ R\left(\rho\pi A + \rho_w K_m\int_0^{2\pi}\sin\alpha\,\forall\sin\alpha\mathrm{d}\alpha\right)\frac{\mathrm{d}\omega_1}{\mathrm{d}t} - \rho_w K_m R\left(\int_0^{2\pi}\sin\alpha\,\forall\cos\alpha\mathrm{d}\alpha\right)\frac{\mathrm{d}\omega_2}{\mathrm{d}t}$$

$$= \int_0^{2\pi}\rho_w\left[C_{Dv}S_v\frac{V_{vrel}\mid V_{vrel}\mid}{2} + (K_m+1)\forall\frac{\partial V_{vw}}{\partial t}\right]\sin\alpha\mathrm{d}\alpha + q_{33}\rho_w\int_0^{2\pi}\forall\sin\alpha\mathrm{d}\alpha g$$

$$- \rho_w K_m R\left[\left(\int_0^{2\pi}\cos\alpha\,\forall\sin\alpha\mathrm{d}\alpha\right)\omega_1 + \left(\int_0^{2\pi}\sin\alpha\,\forall\sin\alpha\mathrm{d}\alpha\right)\omega_2\right]\omega_3 + \frac{M_{l1}}{2R} - \rho\pi RA\omega_3\omega_2$$

$$\tag{7.13}$$

（5）浮架绕 2 轴的转动方程

$$q_{31}\rho_w K_m \left(\int_0^{2\pi} \forall \cos\alpha d\alpha\right)\frac{\mathrm{d}^2 x_g}{\mathrm{d}t^2} + q_{32}\rho_w K_m \left(\int_0^{2\pi} \forall \cos\alpha d\alpha\right)\frac{\mathrm{d}^2 y_g}{\mathrm{d}t^2}$$

$$+ q_{33}\rho_w K_m \left(\int_0^{2\pi} \forall \cos\alpha d\alpha\right)\frac{\mathrm{d}^2 z_g}{\mathrm{d}t^2}$$

$$+ R\rho_w K_m \left(\int_0^{2\pi} \sin\alpha \forall \cos\alpha d\alpha\right)\frac{\mathrm{d}\omega_1}{\mathrm{d}t} - R\left(\rho_w K_m \int_0^{2\pi} \cos\alpha \forall \cos\alpha d\alpha + \rho\,\pi A\right)\frac{\mathrm{d}\omega_2}{\mathrm{d}t}$$

$$= \int_0^{2\pi} \rho_w \left[C_{Dv}S_v \frac{V_{vrel}\,|\,V_{vrel}\,|}{2} + (K_m + 1)\forall\,\frac{\partial V_{vw}}{\partial t}\right]\cos\alpha d\alpha + q_{33}\rho_w g\left(\int_0^{2\pi}\forall\cos\alpha d\alpha\right)$$

$$- \rho_w K_m R\left[\left(\int_0^{2\pi}\cos\alpha\forall\cos\alpha d\alpha\right)\omega_1 + \left(\int_0^{2\pi}\sin\alpha\forall\cos\alpha d\alpha\right)\omega_2\right]\omega_3 + \frac{M_{l2}}{2R} - \rho\,\pi RA\omega_1\omega_3$$

$$(7.14)$$

上面两个浮架绕 1 轴和 2 轴的转动方程(7.13)和(7.14)为浮架平面外的运动方程,等号左边是惯性力和由平动加速度和转动加速度引起的附加质量力;等号右边分别为浮架绕 1 轴和 2 轴的外力,其中第一项中为平面外波浪力的拖曳力以及水质点加速度力所引起的浮架绕 1 轴和 2 轴的转动,第二项为浮架所受浮力引起的绕 1 轴和 2 轴的转动,由于重力是均匀分布在浮架上的,所以在乘上三角函数后,其影响就不存在了,第三项是由浮架的转动角速度引起的附加质量力,第四项 M_{l1} 和 M_{l2} 分别为锚绳力绕 1 轴和 2 轴的合力矩,而其分母中的 2 同样是由于前述的双倍波浪力引起,最后一项是由于浮架绕其他轴的转动的影响。

（6）浮架绕 3 轴的转动方程

$$\rho_w K_m \left(q_{21} \int_0^{2\pi} \cos \alpha \, \forall \, \mathrm{d}\alpha - q_{11} \int_0^{2\pi} \sin \alpha \, \forall \, \mathrm{d}\alpha \right) \frac{\mathrm{d}^2 x_g}{\mathrm{d}t^2}$$

$$+ \rho_w K_m \left(q_{22} \int_0^{2\pi} \cos \alpha \, \forall \, \mathrm{d}\alpha - q_{12} \int_0^{2\pi} \sin \alpha \, \forall \, \mathrm{d}\alpha \right) \frac{\mathrm{d}^2 y_g}{\mathrm{d}t^2}$$

$$+ \rho_w K_m \left(q_{23} \int_0^{2\pi} \cos \alpha \, \forall \, \mathrm{d}\alpha - q_{13} \int_0^{2\pi} \sin \alpha \, \forall \, \mathrm{d}\alpha \right) \frac{\mathrm{d}^2 z_g}{\mathrm{d}t^2} + R \left(2\rho\pi A + \rho_w K_m \int_0^{2\pi} \forall \, \mathrm{d}\alpha \right) \frac{\mathrm{d}\omega_3}{\mathrm{d}t}$$

$$= \int_0^{2\pi} \rho_w \left[C_{Dw} S_w \frac{V_{urel} \mid V_{urel} \mid}{2} + (K_m + 1) \forall \, \frac{\partial V_w}{\partial t} \right] \mathrm{d}\alpha \qquad (7.15)$$

$$+ \rho_w K_m R \left[\int_0^{2\pi} \sin \alpha \, \forall \cos \alpha \mathrm{d}\alpha (\omega_1{}^2 - \omega_2{}^2) \\ + \left(\int_0^{2\pi} \sin \alpha \, \forall \sin \alpha \mathrm{d}\alpha - \int_0^{2\pi} \cos \alpha \, \forall \cos \alpha \mathrm{d}\alpha \right) \omega_1 \omega_2 \right]$$

$$+ \rho_w \left(- q_{13} \int_0^{2\pi} \sin \alpha \, \forall \, \mathrm{d}\alpha + q_{23} \int_0^{2\pi} \cos \alpha \, \forall \, \mathrm{d}\alpha \right) g + \frac{F_{lw}}{2R}$$

上面的关于浮架绕 3 轴的转动方程属于平面内的转动,就是回转运动方程,所以只有环向的波浪力可以发生作用,也就是等号右侧的第一项所显示的,同样锚绳力中也只有环向分量会引起回转运动,如等号右边最后一项所致,第二项是由浮架的转动角速度引起的附加质量力,而第三项是由于浮架所受浮力所致;在方程等号左边包括平动加速度和回转加速度引起的附加质量力,当然还有浮架自身的惯性转动。

以上给出的方程(7.9)、方程(7.10)、方程(7.11)、方程(7.13)、方程(7.14)和方程(7.15)是用于计算浮架的六个运动位移的方程,从中可以清楚地看到:在平移加速度$\frac{\partial^2 x_g}{\partial t^2}$,$\frac{\partial^2 y_g}{\partial t^2}$,$\frac{\partial^2 z_g}{\partial t^2}$和转动加速度$\frac{\partial \omega_1}{\partial t}$,$\frac{\partial \omega_2}{\partial t}$,$\frac{\partial \omega_3}{\partial t}$的系数中,不仅包含了浮架自身的惯性力,而且还包含了波浪力中的附加质量力的影响,另外六个自由度对每个方程也都有贡献,其间可以看出它们之间的耦合行为。需要说明的是由于这里考虑小变形理论,所以在速度和加速度的计算中忽略了浮架变形的影响。通过上面的分析,得到了浮架的运动方程,下面将会介绍浮架变形的方程中其变形的时间模态与位移之间的耦合关系。

7.2.2 浮架变形方程的耦合分析

第三章已经得到了计算浮架平面内、外变形的控制方程,本章将波浪力的表达式代入其中,就可以得到求解浮架平面内、外变形时间模态的耦合方程。

(1) 浮架平面外变形耦合方程

浮架平面外变形包括三个变量:一个平面外变形 v、弯曲转角 ϕ_u 和扭转角 ϕ_w,由于使用了模态迭加法,所以共有六种时间模态,具体是$v_i^c(t)$ 和$v_i^s(t)$、$\varphi_i^c(t)$ 和$\varphi_i^s(t)$、$\xi_i(t)$ 和$\varphi_i^s(t)$,其中 $i=2,\cdots J$,这样总共包括$6 \times (J-1)$个微分方程,如下

$$
\begin{cases}
C_l^o \dfrac{\partial^2 \upsilon_i^c}{\partial t^2} = C_{rv}^o \displaystyle\int_0^{2\pi} F_v \cos(i\alpha)\,\mathrm{d}\alpha - C_e^o \upsilon_i^c \\[4mm]
C_l^o \dfrac{\partial^2 \upsilon_i^s}{\partial t^2} = C_{rv}^o \displaystyle\int_0^{2\pi} F_v \sin(j\alpha)\,\mathrm{d}\alpha - C_e^o \upsilon_i^s \\[4mm]
C_l^o \dfrac{\partial^2 \varphi_i^s}{\partial t^2} = C_{r\phi_u}^o \displaystyle\int_0^{2\pi} F_v \sin(i\alpha)\,\mathrm{d}\alpha - C_e^o \varphi_i^s \\[4mm]
C_l^o \dfrac{\partial^2 \varphi_i^s}{\partial t^2} = -\, C_{r\phi_u}^o \displaystyle\int_0^{2\pi} F_v \cos(i\alpha)\,\mathrm{d}\alpha - C_e^o \varphi_i^c \\[4mm]
C_l^o \dfrac{\partial^2 \xi_i^c}{\partial t^2} = C_{r\phi_t}^o \displaystyle\int_0^{2\pi} F_v \cos(i\alpha)\,\mathrm{d}\alpha - C_e^o \xi_i^c \\[4mm]
C_l^o \dfrac{\partial^2 \xi_i^s}{\partial t^2} = C_{r\phi_t}^o \displaystyle\int_0^{2\pi} F_v \sin(i\alpha)\,\mathrm{d}\alpha - C_e^o \xi_i^s
\end{cases}
\tag{7.16}
$$

在方程(7.16)中,平面外的外力和 F_v 是作用在浮架上位置角为 α 的微段上的,包括波浪力、浮力、重力和锚绳力,由式(7.17)可以表示沿 υ 轴正向浮架微段上单位长度所受外力

$$
F_v = 2[f_v + q_{33}(\rho_w \forall g - \rho A g)]R\mathrm{d}\alpha + F_{lv}\delta(\alpha) \tag{7.17}
$$

上式(7.17)中 f_v 是浮架微段上所受的平面外的波浪力,括号中的第二项为浮力和重力。由于浮架是由两个浮管组成,所以浮架所受波浪力、浮力和重力是双倍的。另外第二项 F_{lv} 为锚绳力在 υ 轴方向的投影,其中 $\delta(\alpha)$ 为 δ 函数,有下面的定义

$$\int_0^{2\pi} \delta(\alpha - \alpha_0)\varphi(\alpha)\mathrm{d}\alpha = \begin{cases} \varphi(\alpha_0) & \alpha_0 \in (0,2\pi) \\ \\ 0 & \alpha_0 \notin (0,2\pi) \end{cases} \tag{7.18}$$

上式中，α_0 为锚碇点在浮架上的位置角，对于本文的锚碇方式来讲，四个锚碇点 A、B、C 和 D 所对应的 α_0 值分别为 $\dfrac{\pi}{4}$、$\dfrac{3\pi}{4}$、$\dfrac{5\pi}{4}$ 和 $\dfrac{7\pi}{4}$。

在浮架平面外变形的控制方程（7.16）中，有两种对外力的积分，这是由于在简化控制方程时运用的三角函数正交性所致。这里给出在 F_v 两边乘以 $\cos(i\alpha)$ 和 $\sin(i\alpha)$ 之后对 α 在 $[0,2\pi]$ 上积分的表达式

$$\int_0^{2\pi} F_v \cos(i\alpha)\mathrm{d}\alpha$$

$$= 2R\left\{ \begin{array}{l} \rho_w \displaystyle\int_0^{2\pi} \left[C_{Dv}S_v \dfrac{V_{vR}\,|\,V_{vR}\,|}{2} + (1+K_m)\,\forall\,\dfrac{\partial V_{vw}}{\partial t} \right]\cos(i\alpha)\mathrm{d}\alpha \\ \\ + q_{33}\rho_w g \displaystyle\int_0^{2\pi} \forall \cos(i\alpha)\mathrm{d}\alpha - q_{31}\rho_w K_m \displaystyle\int_0^{2\pi} \forall \cos(i\alpha)\mathrm{d}\alpha \dfrac{\mathrm{d}^2 x_g}{\mathrm{d}t^2} \\ \\ - q_{32}\rho_w K_m \displaystyle\int_0^{2\pi} \forall \cos(i\alpha)\mathrm{d}\alpha \dfrac{\mathrm{d}^2 y_g}{\mathrm{d}t^2} - q_{33}\rho_w K_m \displaystyle\int_0^{2\pi} \forall \cos(i\alpha)\mathrm{d}\alpha \dfrac{\mathrm{d}^2 z_g}{\mathrm{d}t^2} \\ \\ - R\rho_w K_m \displaystyle\int_0^{2\pi} \cos(i\alpha)\,\forall\,\sin\alpha\,\mathrm{d}\alpha \dfrac{\mathrm{d}\omega_1}{\mathrm{d}t} + R\rho_w K_m \displaystyle\int_0^{2\pi} \cos(i\alpha)\,\forall\,\cos\alpha\,\mathrm{d}\alpha \dfrac{\mathrm{d}\omega_2}{\mathrm{d}t} \end{array} \right\}$$

$$+ \int_0^{2\pi} F_{lv}\delta(\alpha)\cos(i\alpha)\mathrm{d}\alpha$$

$$\tag{7.19}$$

$$\int_0^{2\pi} F_v \sin(i\alpha)\,\mathrm{d}\alpha =$$

$$2R \left\{ \begin{array}{l} \rho_w \int_0^{2\pi} \left[C_{Dv} S_v \dfrac{V_{vR} \mid V_{vR} \mid}{2} + (1+K_m)\,\forall\, \dfrac{\partial V_{vw}}{\partial t} \right] \sin(i\alpha)\,\mathrm{d}\alpha \\[2mm] + q_{33}\rho_w g \int_0^{2\pi} \forall \sin(i\alpha)\,\mathrm{d}\alpha - q_{31}\rho_w K_m \int_0^{2\pi} \forall \sin(i\alpha)\,\mathrm{d}\alpha\, \dfrac{\mathrm{d}^2 x_g}{\mathrm{d}t^2} \\[2mm] - q_{32}\rho_w K_m \int_0^{2\pi} \forall \sin(i\alpha)\,\mathrm{d}\alpha\, \dfrac{\mathrm{d}^2 y_g}{\mathrm{d}t^2} - q_{33}\rho_w K_m \int_0^{2\pi} \forall \cos(i\alpha)\,\mathrm{d}\alpha\, \dfrac{\mathrm{d}^2 z_g}{\mathrm{d}t^2} \\[2mm] - R\rho_w K_m \int_0^{2\pi} \sin(i\alpha)\,\forall \sin \alpha\,\mathrm{d}\alpha\, \dfrac{\mathrm{d}\omega_1}{\mathrm{d}t} + R\rho_w K_m \int_0^{2\pi} \forall \sin(i\alpha)\,\forall \cos \alpha\,\mathrm{d}\alpha\, \dfrac{\mathrm{d}\omega_2}{\mathrm{d}t} \end{array} \right\}$$

$$+ \int_0^{2\pi} F_{lv}\delta(\alpha)\sin(i\alpha)\,\mathrm{d}\alpha \tag{7.20}$$

为了方便,将上式(7.19)和上式(7.20)中波浪力的拖曳力和水质点加速度力以及浮力和锚绳力在 v 轴方向的分量用一个符号表示,如下

$$F_v^c = 2R \left\{ \begin{array}{l} \rho_w \int_0^{2\pi} \left[C_{Dv} S_v \dfrac{V_{vR} \mid V_{vR} \mid}{2} + (1+K_m)\,\forall\, \dfrac{\partial V_{vw}}{\partial t} \right] \cos(i\alpha)\,\mathrm{d}\alpha \\[2mm] + q_{33}\rho_w g \int_0^{2\pi} \forall \cos(i\alpha)\,\mathrm{d}\alpha \end{array} \right\}$$

$$+ \int_0^{2\pi} F_{lv}\delta(\alpha)\cos(i\alpha)\,\mathrm{d}\alpha \tag{7.21}$$

$$F_v^s = 2R \left\{ \begin{array}{l} \rho_w \int_0^{2\pi} \left[C_{Dv} S_v \dfrac{V_{vR} \mid V_{vR} \mid}{2} + (1+K_m)\,\forall\, \dfrac{\partial V_{vw}}{\partial t} \right] \sin(i\alpha)\,\mathrm{d}\alpha \\[2mm] + q_{33}\rho_w g \int_0^{2\pi} \forall \sin(i\alpha)\,\mathrm{d}\alpha \end{array} \right\}$$

$$+ \int_0^{2\pi} F_{lv}\delta(\alpha)\sin(i\alpha)\,\mathrm{d}\alpha \tag{7.22}$$

这样就可以得到较为简明的外力积分，即把外力和耦合关系中的浮架平动和转动加速度分开表示，如下

$$\int_0^{2\pi} F_v \cos(i\alpha)\mathrm{d}\alpha = F_v^c + 2R \left\{ \begin{aligned} &-q_{31}\rho_w K_m \int_0^{2\pi} \forall \cos(i\alpha)\mathrm{d}\alpha \frac{\mathrm{d}^2 x_g}{\mathrm{d}t^2} \\ &-q_{32}\rho_w K_m \int_0^{2\pi} \forall \cos(i\alpha)\mathrm{d}\alpha \frac{\mathrm{d}^2 y_g}{\mathrm{d}t^2} \\ &-q_{33}\rho_w K_m \int_0^{2\pi} \forall \cos(i\alpha)\mathrm{d}\alpha \frac{\mathrm{d}^2 z_g}{\mathrm{d}t^2} \\ &-R\rho_w K_m \int_0^{2\pi} \cos(i\alpha) \forall \sin \alpha\mathrm{d}\alpha \frac{\mathrm{d}\omega_1}{\mathrm{d}t} \\ &+R\rho_w K_m \int_0^{2\pi} \cos(i\alpha) \forall \cos \alpha\mathrm{d}\alpha \frac{\mathrm{d}\omega_2}{\mathrm{d}t} \end{aligned} \right\} \tag{7.23}$$

$$\int_0^{2\pi} F_v \sin(i\alpha)\mathrm{d}\alpha = F_v^s + 2R \left\{ \begin{aligned} &-q_{31}\rho_w K_m \int_0^{2\pi} \forall \sin(i\alpha)\mathrm{d}\alpha \frac{\mathrm{d}^2 x_g}{\mathrm{d}t^2} \\ &-q_{32}\rho_w K_m \int_0^{2\pi} \forall \sin(i\alpha)\mathrm{d}\alpha \frac{\mathrm{d}^2 y_g}{\mathrm{d}t^2} \\ &-q_{33}\rho_w K_m \int_0^{2\pi} \forall \cos(i\alpha)\mathrm{d}\alpha \frac{\mathrm{d}^2 z_g}{\mathrm{d}t^2} \\ &-R\rho_w K_m \int_0^{2\pi} \sin(i\alpha) \forall \sin \alpha\mathrm{d}\alpha \frac{\mathrm{d}\omega_1}{\mathrm{d}t} \\ &+R\rho_w K_m \int_0^{2\pi} \sin(i\alpha) \forall \cos \alpha\mathrm{d}\alpha \frac{\mathrm{d}\omega_2}{\mathrm{d}t} \end{aligned} \right\} \tag{7.24}$$

将上面的积分代入平面外变形的控制方程(7.16)中，我们就能得到浮架平面外变形控制方程中的耦合关系：

① 平面外变形的时间模态 $\upsilon_i^c(t)$ 的控制方程

$$C_{rv}^o q_{31}\rho_w K_m\left[\int_0^{2\pi}\forall_f\cos(i\alpha)\mathrm{d}\alpha\right]\frac{\mathrm{d}^2 x_g}{\mathrm{d}t^2}+C_{rv}^o q_{32}\rho_w K_m\left[\int_0^{2\pi}\forall_f\cos(i\alpha)\mathrm{d}\alpha\right]\frac{\mathrm{d}^2 y_g}{\mathrm{d}t^2}$$

$$+C_{rv}^o q_{33}\rho_w K_m\left[\int_0^{2\pi}\forall_f\cos(i\alpha)\mathrm{d}\alpha\right]\frac{\mathrm{d}^2 z_g}{\mathrm{d}t^2}+C_{rv}^o R\rho_w K_m\left[\int_0^{2\pi}\cos(i\alpha)\forall_f\sin\alpha\mathrm{d}\alpha\right]\frac{\mathrm{d}\omega_1}{\mathrm{d}t}$$

$$-C_{rv}^o R\rho_w K_m\left[\int_0^{2\pi}\cos(i\alpha)\forall_f\cos\alpha\mathrm{d}\alpha\right]\frac{\mathrm{d}\omega_2}{\mathrm{d}t}+\frac{C_l^o}{2R}\frac{\partial^2\upsilon_i^c}{\partial t^2}=C_{rv}^o * F_v^c-\frac{C_e^o}{2R}\upsilon_i^c$$

$$(7.25)$$

② 平面外变形的时间模态 $\upsilon_i^s(t)$ 的控制方程

$$C_{rv}^o q_{31}\rho_w K_m\left[\int_0^{2\pi}\forall\sin(i\alpha)\mathrm{d}\alpha\right]\frac{\mathrm{d}^2 x_g}{\mathrm{d}t^2}+C_{rv}^o q_{32}\rho_w K_m\left[\int_0^{2\pi}\forall\sin(i\alpha)\mathrm{d}\alpha\right]\frac{\mathrm{d}^2 y_g}{\mathrm{d}t^2}$$

$$+C_{rv}^o q_{33}\rho_w K_m\left[\int_0^{2\pi}\forall\sin(i\alpha)\mathrm{d}\alpha\right]\frac{\mathrm{d}^2 z_g}{\mathrm{d}t^2}+C_{rv}^o R\rho_w K_m\left[\int_0^{2\pi}\sin(i\alpha)\forall\sin\alpha\mathrm{d}\alpha\right]\frac{\mathrm{d}\omega_1}{\mathrm{d}t}$$

$$-C_{rv}^o R\rho_w K_m\left[\int_0^{2\pi}\sin(i\alpha)\forall\cos\alpha\mathrm{d}\alpha\right]\frac{\mathrm{d}\omega_2}{\mathrm{d}t}+\frac{C_l^o}{2R}\frac{\partial^2\upsilon_i^s}{\partial t^2}=C_{rv}^o * F_v^s-\frac{C_e^o}{2R}\upsilon_i^s$$

$$(7.26)$$

③ 绕 u 轴弯曲转角 ϕ_u 的时间模态 $\varphi_i^s(t)$ 的控制方程

$$C_{r\phi_u}^o q_{31}\rho_w K_m\left[\int_0^{2\pi}\forall\cos(i\alpha)\mathrm{d}\alpha\right]\frac{\mathrm{d}^2 x_g}{\mathrm{d}t^2}+C_{r\phi_u}^o q_{32}\rho_w K_m\left[\int_0^{2\pi}\forall\cos(i\alpha)\mathrm{d}\alpha\right]\frac{\mathrm{d}^2 y_g}{\mathrm{d}t^2}$$

$$+C_{r\phi_u}^o q_{33}\rho_w K_m\left[\int_0^{2\pi}\forall\cos(i\alpha)\mathrm{d}\alpha\right]\frac{\mathrm{d}^2 z_g}{\mathrm{d}t^2}+C_{r\phi_u}^o R\rho_w K_m\left[\int_0^{2\pi}\cos(i\alpha)\forall\sin\alpha\mathrm{d}\alpha\right]\frac{\mathrm{d}\omega_1}{\mathrm{d}t}$$

$$-C_{r\phi_u}^o R\rho_w K_m\left[\int_0^{2\pi}\cos(i\alpha)\forall\cos\alpha\mathrm{d}\alpha\right]\frac{\mathrm{d}\omega_2}{\mathrm{d}t}+\frac{C_l^o}{2R}\frac{\partial^2\varphi_i^s}{\partial t^2}=C_{r\phi_u}^o * F_v^c-\frac{C_e^o}{2R}\varphi_i^s$$

$$(7.27)$$

④ 绕 u 轴弯曲转角 ϕ_u 的时间模态 $\varphi_i^c(t)$ 的控制方程

$$-C_{r\phi_u}^o q_{31}\rho_w K_m\left[\int_0^{2\pi}\forall\sin(i\alpha)\mathrm{d}\alpha\right]\frac{\mathrm{d}^2 x_g}{\mathrm{d}t^2}-C_{r\phi_u}^o q_{32}\rho_w K_m\left[\int_0^{2\pi}\forall\sin(i\alpha)\mathrm{d}\alpha\right]\frac{\mathrm{d}^2 y_g}{\mathrm{d}t^2}$$

$$-C_{r\phi_u}^o q_{33}\rho_w K_m\left[\int_0^{2\pi}\forall\sin(i\alpha)\mathrm{d}\alpha\right]\frac{\mathrm{d}^2 z_g}{\mathrm{d}t^2}-C_{r\phi_u}^o R\rho_w K_m\left[\int_0^{2\pi}\sin(i\alpha)\forall\sin\alpha\mathrm{d}\alpha\right]\frac{\mathrm{d}\omega_1}{\mathrm{d}t}$$

$$+C_{r\phi_u}^o R\rho_w K_m\left[\int_0^{2\pi}\sin(i\alpha)\forall\cos\alpha\mathrm{d}\alpha\right]\frac{\mathrm{d}\omega_2}{\mathrm{d}t}+\frac{C_l^o}{2R}\frac{\partial^2\varphi_i^c}{\partial t^2}=-C_{r\phi_u}^o * F_v^s-\frac{C_e^o}{2R}\varphi_i^c$$

$$(7.28)$$

⑤ 绕 w 轴扭转角 ϕ_w 的时间模态 $\xi_i^c(t)$ 的控制方程

$$C_{r\phi_t}^o q_{31}\rho_w K_m\left[\int_0^{2\pi}\forall\cos(i\alpha)\mathrm{d}\alpha\right]\frac{\mathrm{d}^2 x_g}{\mathrm{d}t^2}+C_{r\phi_t}^o q_{32}\rho_w K_m\left[\int_0^{2\pi}\forall\cos(i\alpha)\mathrm{d}\alpha\right]\frac{\mathrm{d}^2 y_g}{\mathrm{d}t^2}$$

$$+C_{r\phi_t}^o q_{33}\rho_w K_m\left[\int_0^{2\pi}\forall\cos(i\alpha)\mathrm{d}\alpha\right]\frac{\mathrm{d}^2 z_g}{\mathrm{d}t^2}+C_{r\phi_t}^o R\rho_w K_m\left[\int_0^{2\pi}\cos(i\alpha)\forall\sin\alpha\mathrm{d}\alpha\right]\frac{\mathrm{d}\omega_1}{\mathrm{d}t}$$

$$-C_{r\phi_t}^o R\rho_w K_m\left[\int_0^{2\pi}\cos(i\alpha)\forall\cos\alpha\mathrm{d}\alpha\right]\frac{\mathrm{d}\omega_2}{\mathrm{d}t}+\frac{C_l^o}{2R}\frac{\partial^2\xi_i^c}{\partial t^2}=C_{r\phi_t}^o * F_v^c-\frac{C_e^o}{2R}\xi_i^c$$

$$(7.29)$$

⑥ 绕 w 轴扭转角 ϕ_w 的时间模态 $\xi_i^s(t)$ 的控制方程

$$C_{r\phi_t}^o q_{31}\rho_w K_m\left[\int_0^{2\pi}\forall\sin(i\alpha)\mathrm{d}\alpha\right]\frac{\mathrm{d}^2 x_g}{\mathrm{d}t^2}+C_{r\phi_t}^o q_{32}\rho_w K_m\left[\int_0^{2\pi}\forall\sin(i\alpha)\mathrm{d}\alpha\right]\frac{\mathrm{d}^2 y_g}{\mathrm{d}t^2}$$

$$+C_{r\phi_t}^o q_{33}\rho_w K_m\left[\int_0^{2\pi}\forall\sin(i\alpha)\mathrm{d}\alpha\right]\frac{\mathrm{d}^2 z_g}{\mathrm{d}t^2}+C_{r\phi_t}^o R\rho_w K_m\left[\int_0^{2\pi}\sin(i\alpha)\forall\sin\alpha\mathrm{d}\alpha\right]\frac{\mathrm{d}\omega_1}{\mathrm{d}t}$$

$$-C_{r\phi_t}^o R\rho_w K_m\left[\int_0^{2\pi}\sin(i\alpha)\forall\cos\alpha\mathrm{d}\alpha\right]\frac{\mathrm{d}\omega_2}{\mathrm{d}t}+C_l^o\frac{\partial^2\xi_i^s}{\partial t^2}=C_{r\phi_t}^o * F_v^s-\frac{C_e^o}{2R}\xi_i^s$$

$$(7.30)$$

上面的 $6 \times (J-1)$ 方程(7.25)、方程(7.26)、方程(7.27)、方程(7.28)、方程(7.29)、方程(7.30)是计算浮架平面外变形 v、弯曲转角 ϕ_u 和扭转角 ϕ_w 的时间模态的计算方程。其中,等号左边的前五项是浮架运动所引起的附加质量力,第六项是此时间模态的惯性力,这表明了浮架平面外变形和运动的耦合关系;等号右边包括外力和变形时间模态自身影响。

(2)浮架平面内变形耦合方程

对于浮架平面内变形的控制方程同样有上述的简化方式。由第 3 章可知,浮架平面内变形包括环向变形 w 和绕 v 轴的纯弯曲转角 ϕ_v,运用模态选加法知两个变量总共有 $4 \times (J-1)$ 个时间模态 $\tau_i^s(t)$ 和 $\tau_i^c(t)$、$\Psi_i^s(t)$ 和 $\Psi_i^c(t)$,也就是说要求解 $4 \times (J-1)$ 个微分方程。当然,这里再次引入第 3 章给出的求解浮架平面内变形的控制方程。同样为了更简洁地表达平面内变形方程,这里用一些符号来表示方程中的系数。

$$
\begin{cases}
C_l^i \dfrac{\partial^2 \tau_i^s}{\partial t^2} = C_{r\tau}^i \left[i \int_0^{2\pi} F_u \cos(i\alpha)\,\mathrm{d}\alpha + \int_0^{2\pi} F_w \sin(i\alpha)\,\mathrm{d}\alpha \right] - C_e^o \tau_i^s \\[2ex]
C_l^i \dfrac{\partial^2 \tau_i^c}{\partial t^2} = -C_{r\tau}^i \left[i \int_0^{2\pi} F_u \sin(i\alpha)\,\mathrm{d}\alpha - \int_0^{2\pi} F_w \cos(i\alpha)\,\mathrm{d}\alpha \right] - C_e^o \tau_i^c \\[2ex]
C_l^i \dfrac{\partial^2 \Psi_i^s}{\partial t^2} = C_{r\Psi}^i \left[i \int_0^{2\pi} F_u \cos(i\alpha)\,\mathrm{d}\alpha + \int_0^{2\pi} F_w \sin(i\alpha)\,\mathrm{d}\alpha \right] - C_e^o \Psi_i^s \\[2ex]
C_l^i \dfrac{\partial^2 \Psi_i^c}{\partial t^2} = -C_{r\Psi}^i \left[i \int_0^{2\pi} F_u \sin(i\alpha)\,\mathrm{d}\alpha - \int_0^{2\pi} F_w \cos(i\alpha)\,\mathrm{d}\alpha \right] - C_e^o \Psi_i^c
\end{cases}
$$

$$(7.31)$$

方程(7.31)中的外力 F_u 和 F_w 分别是浮架在径向和环向所受外力的总合,其中包括波浪力、浮力和重力,这三项已经在前面介绍过是双倍的。另外还有锚绳力。另外在浮架平面外变形的控制方程(7.31)中,有两种对外力的积分,这是由在简化控制方程时运用的三角函数正交性所致。为了表达方便,直接把不含有浮架运动加速度的项用一个符号来表示。下面给出在外力乘以 $\cos(i\alpha)$ 和 $\sin(i\alpha)$ 之后对 α 在$[0,2\pi]$上积分的表达式:

$$i\int_0^{2\pi} F_u \cos(i\alpha)\,d\alpha + \int_0^{2\pi} F_w \sin(i\alpha)\,d\alpha = F_{uw}^1 + xei1(i)\frac{d^2 x_g}{dt^2}$$

$$+ yei1(i)\frac{d^2 y_g}{dt^2} + zei1(i)\frac{d^2 z_g}{dt^2} - 2\rho_w K_m R^2 \left[\int_0^{2\pi} \forall \sin(i\alpha)\,d\alpha\right]\frac{d\omega_3}{dt}$$

$$(7.32)$$

其中

$$F_{uw}^1 = 2R \left\{ \begin{array}{l} -i\rho_w \int_0^{2\pi}\left[C_{Dn} S_n \frac{V_{nR}\mid V_{nR}\mid}{2} + (1+K_m)\forall \frac{\partial V_{nv}}{\partial t}\right]\cos(i\alpha)\,d\alpha \\ +\rho_w \int_0^{2\pi}\left[C_{Dw} S_w \frac{V_{wR}\mid V_{wR}\mid}{2} + (1+K_m)\forall \frac{\partial V_{uw}}{\partial t}\right]\sin(i\alpha)\,d\alpha \end{array}\right\} + F_i^{i1}$$

$$-2\rho_w g R \left\{ \begin{array}{l} i\left[q_{13}\int_0^{2\pi}\cos\alpha\,\forall\cos(i\alpha)\,d\alpha + q_{23}\int_0^{2\pi}\sin\alpha\,\forall\cos(i\alpha)\,d\alpha\right] \\ -\left[-q_{13}\int_0^{2\pi}0\sin\alpha\,\forall\sin(i\alpha)\,d\alpha + q_{23}\int_0^{2\pi}\cos\alpha\,\forall\sin(i\alpha)\,d\alpha\right] \end{array}\right\}$$

$$-2\rho_w K_m R^2 \left\{ \begin{array}{l} \left[i\int_0^{2\pi}\sin\alpha\sin\alpha\,\forall\cos(i\alpha)\,d\alpha - \int_0^{2\pi}0\sin\alpha\cos\alpha\,\forall\sin(i\alpha)\,d\alpha\right]\omega_1^2 \\ +\left[i\int_0^{2\pi}\cos\alpha\cos\alpha\,\forall\cos(i\alpha)\,d\alpha + \int_0^{2\pi}\sin\alpha\cos\alpha\,\forall\sin(i\alpha)\,d\alpha\right]\omega_2^2 \\ +\int_0^{2\pi}\forall\cos(i\alpha)\,d\alpha\,\omega_3^2 \\ +\left[\begin{array}{l} -2i\int_0^{2\pi}\sin\alpha\cos\alpha\,\forall\cos(i\alpha)\,d\alpha + \int_0^{2\pi}\cos\alpha\cos\alpha\,\forall\sin(i\alpha)\,d\alpha \\ -\int_0^{2\pi}\sin\alpha\sin\alpha\,\forall\sin(i\alpha)\,d\alpha \end{array}\right]\omega_1\omega_2 \end{array}\right\}$$

$$(7.33)$$

在上式(7.33)中,第一个积分为法向和环向拖曳力和水质点加速度的作用。F_i^{i1} 为锚绳力对于平面内变形的影响。第三项为浮力的分量。第四项为浮架的转动角速度引起的附加质量力,这是非线性项。另外,外力积分(7.32)中浮架平动引起的附加质量力为

$$
xei_1(i) = 2R\rho_w K_m \left\{ \begin{array}{l} q_{11}\left[i\int\limits_0^{2\pi} \cos\alpha \, \forall \cos(i\alpha)\mathrm{d}\alpha + \int\limits_0^{2\pi} \sin\alpha \, \forall \sin(i\alpha)\mathrm{d}\alpha \right] \\ + q_{21}\left[\int\limits_0^{2\pi} \cos\alpha \, \forall \sin(i\alpha)\mathrm{d}\alpha + i\int\limits_0^{2\pi} \sin\alpha \, \forall \cos(i\alpha)\mathrm{d}\alpha \right] \end{array} \right\}
$$

$$
yei_1(i) = 2R\rho_w K_m \left\{ \begin{array}{l} q_{12}\left[i\int\limits_0^{2\pi} 0\cos\alpha \, \forall \cos(i\alpha)\mathrm{d}\alpha + \int\limits_0^{2\pi} \sin\alpha \, \forall \sin(i\alpha)\mathrm{d}\alpha \right] \\ + q_{22}\left[\int\limits_0^{2\pi} \cos\alpha \, \forall \sin(i\alpha)\mathrm{d}\alpha + i\int\limits_0^{2\pi} \sin\alpha \, \forall \cos(i\alpha)\mathrm{d}\alpha \right] \end{array} \right\}
$$

$$
zei_1(i) = 2R\rho_w K_m \left\{ \begin{array}{l} q_{13}\left[i\int\limits_0^{2\pi} \cos\alpha \, \forall \cos(i\alpha)\mathrm{d}\alpha + \int\limits_0^{2\pi} \sin\alpha \, \forall \sin(i\alpha)\mathrm{d}\alpha \right] \\ + q_{23}\left[\int\limits_0^{2\pi} \cos\alpha \, \forall \sin(i\alpha)\mathrm{d}\alpha + i\int\limits_0^{2\pi} \sin\alpha \, \forall \cos(i\alpha)\mathrm{d}\alpha \right] \end{array} \right\}
$$

$$(7.34)$$

另外一个需要计算的外力积分如下:

$$
i\int\limits_0^{2\pi} F_u \sin(i\alpha)\mathrm{d}\alpha - \int\limits_0^{2\pi} F_w \cos(i\alpha)\mathrm{d}\alpha = F_{uw}^2 - xei2(i)\frac{\mathrm{d}^2 x_g}{\mathrm{d}t^2}
$$

$$
- yei2(i)\frac{\mathrm{d}^2 y_g}{\mathrm{d}t^2} - zei2(i)\frac{\mathrm{d}^2 z_g}{\mathrm{d}t^2} + 2\rho_w K_m R^2 \left[\int\limits_0^{2\pi} \forall_f \cos(i\alpha)\mathrm{d}\alpha \right]\frac{\mathrm{d}\omega_3}{\mathrm{d}t}
$$

$$(7.35)$$

上式(7.35)与前一个平面内外力积分(7.32)结构相同,将拖曳力、水质点加速度力、锚绳力 F_i^{i2}、浮力和浮架的转动角速度引起的附加质量力对这个积分的分量整体表示如下:

$$
F_{u\,w}^2 = -2R\left\{\begin{array}{l} i\rho_w\displaystyle\int_0^{2\pi}\left[C_{Dn}S_n\frac{\boldsymbol{V}_{nR}\mid\boldsymbol{V}_{nR}\mid}{2}+(1+K_m)\,\forall\,\frac{\partial\boldsymbol{V}_{mw}}{\partial t}\right]\sin(i\alpha)\mathrm{d}\alpha \\[3mm] +\rho_w\displaystyle\int_0^{2\pi}\left[C_{Dw}S_w\frac{\boldsymbol{V}_{uR}\mid\boldsymbol{V}_{uR}\mid}{2}+(1+K_m)\,\forall\,\frac{\partial\boldsymbol{V}_{uw}}{\partial t}\right]\cos(i\alpha)\mathrm{d}\alpha \end{array}\right\}+F_i^{i2}
$$

$$
-2\rho_w gR\left\{\begin{array}{l} i\left[q_{13}\displaystyle\int_0^{2\pi}\cos\alpha\,\forall\,_f\sin(i\alpha)\mathrm{d}\alpha+q_{23}\displaystyle\int_0^{2\pi}\sin\alpha\,\forall\,\sin(i\alpha)\mathrm{d}\alpha\right] \\[3mm] +\left[-q_{13}\displaystyle\int_0^{2\pi}\sin\alpha\,\forall\,\cos(i\alpha)\mathrm{d}\alpha+q_{23}\displaystyle\int_0^{2\pi}\cos\alpha\,\forall\,\cos(i\alpha)\mathrm{d}\alpha\right] \end{array}\right\}
$$

$$
-2\rho_w K_m R^2\left\{\begin{array}{l} \left[i\left(\displaystyle\int_0^{2\pi}\sin\alpha\sin\alpha\,\forall\,\sin(i\alpha)\mathrm{d}\alpha\right)+\left(\displaystyle\int_0^{2\pi}\sin\alpha\cos\alpha\,\forall\,\cos(i\alpha)\mathrm{d}\alpha\right)\right]\omega_1{}^2 \\[3mm] +\left[i\left(\displaystyle\int_0^{2\pi}\cos\alpha\cos\alpha\,\forall\,\sin(i\alpha)\mathrm{d}\alpha\right)-\left(\displaystyle\int_0^{2\pi}\sin\alpha\cos\alpha\,\forall\,\cos(i\alpha)\mathrm{d}\alpha\right)\right]\omega_2{}^2 \\[3mm] +\left(-\displaystyle\int_0^{2\pi}\forall\,\sin(i\alpha)\mathrm{d}\alpha\right)\omega_3{}^2 \\[3mm] +\left(\begin{array}{l}-2i\displaystyle\int_0^{2\pi}\sin\alpha\cos\alpha\,\forall\,\sin(i\alpha)\mathrm{d}\alpha+\displaystyle\int_0^{2\pi}\sin\alpha\sin\alpha\,\forall\,\cos(i\alpha)\mathrm{d}\alpha \\[3mm] -\displaystyle\int_0^{2\pi}\cos\alpha\cos\alpha\,\forall\,\cos(i\alpha)\mathrm{d}\alpha\end{array}\right)\omega_1\omega_2 \end{array}\right\}
$$

$$\tag{7.36}$$

外力积分(7.35)中浮架平动引起的附加质量为

$$xei_2(i) = 2R\rho_w K_m \left\{ \begin{array}{l} -q_{11}\left[i\int_0^{2\pi} \cos\alpha\,\forall\,\sin(i\alpha)\,\mathrm{d}\alpha + \int_0^{2\pi}\sin\alpha\,\forall\,\cos(i\alpha)\,\mathrm{d}\alpha \right] \\ +q_{21}\left[-\int_0^{2\pi}\sin\alpha\,\forall\,\sin(i\alpha)\,\mathrm{d}\alpha + \int_0^{2\pi}\cos\alpha\,\forall\,\cos(i\alpha)\,\mathrm{d}\alpha \right] \end{array} \right\}$$

$$yei_2(i) = 2R\rho_w K_m \left\{ \begin{array}{l} -q_{12}\left[i\int_0^{2\pi} \cos\alpha\,\forall\,\sin(i\alpha)\,\mathrm{d}\alpha + \int_0^{2\pi}\sin\alpha\,\forall\,\cos(i\alpha)\,\mathrm{d}\alpha \right] \\ +q_{22}\left[-\int_0^{2\pi}\sin\alpha\,\forall\,\sin(i\alpha)\,\mathrm{d}\alpha + \int_0^{2\pi}\cos\alpha\,\forall\,\cos(i\alpha)\,\mathrm{d}\alpha \right] \end{array} \right\}$$

$$zei_2(i) = 2R\rho_w K_m \left\{ \begin{array}{l} -q_{13}\left[i\int_0^{2\pi} \cos\alpha\,\forall\,\sin(i\alpha)\,\mathrm{d}\alpha + \int_0^{2\pi}\sin\alpha\,\forall\,\cos(i\alpha)\,\mathrm{d}\alpha \right] \\ +q_{23}\left[-\int_0^{2\pi}\sin\alpha\,\forall\,\sin(i\alpha)\,\mathrm{d}\alpha + \int_0^{2\pi}\cos\alpha\,\forall\,\cos(i\alpha)\,\mathrm{d}\alpha \right] \end{array} \right\}$$

$$\tag{7.37}$$

在上面的外力积分表达法中，1 和 2 只是表示不同的积分方式，与坐标系无关。将上面得到的外力积分(7.32) 和(7.35) 代入平面内变形时间模态的控制方程(7.31)，就能得到用于计算浮架平面内变形的时间模态的方程，如下：

① 环向变形 w 的时间模态 $\tau_i^s(t)$ 的控制方程

$$-\rho_w K_m \times xei_1(i)C_{r\tau}\frac{\mathrm{d}^2 x_g}{\mathrm{d}t^2} - \rho_w K_m \times yei_1(i)C_{r\tau}\frac{\mathrm{d}^2 y_g}{\mathrm{d}t^2}$$

$$-\rho_w K_m \times zei_1(i)C_{r\tau}\frac{\mathrm{d}^2 z_g}{\mathrm{d}t^2} + \rho_w K_m R\left(\int_0^{2\pi}\forall\,\sin(i\alpha)\,\mathrm{d}\alpha\right)C_{r\tau}^i\frac{\mathrm{d}\omega_3}{\mathrm{d}t} + \frac{C_l^i}{2R}\frac{\partial^2 \tau_i^s}{\partial t^2}$$

$$= C_{r\tau}^i F_{uw}^1 - \frac{C_e^i}{2R}\tau_i^s \tag{7.38}$$

② 环向变形 w 的时间模态 $\tau_i^c(t)$ 的控制方程

$$-\rho_w K_m \times xei_2(i)C_{\tau\tau}^i \frac{\mathrm{d}^2 x_g}{\mathrm{d}t^2} - \rho_w K_m \times yei_2(i)C_{\tau\tau}^i \frac{\mathrm{d}^2 y_g}{\mathrm{d}t^2}$$

$$-\rho_w K_m \times zei_2(i)C_{\tau\tau}^i \frac{\mathrm{d}^2 z_g}{\mathrm{d}t^2} + \rho_w K_m R \left(\int_0^{2\pi} \forall \cos(i\alpha)\mathrm{d}\alpha\right)C_{\tau\tau}^i \frac{\mathrm{d}\omega_3}{\mathrm{d}t} + \frac{C_l^i}{2R}\frac{\partial^2 \tau_i^c}{\partial t^2}$$

$$= C_{\tau\tau}^i F_{uw}^2 - \frac{C_e^i}{2R}\tau_i^c \qquad (7.39)$$

③ 绕 v 轴的纯弯曲转角 ϕ_v 的时间模态 $\Psi_i^s(t)$ 的控制方程

$$-\rho_w K_m \times xei_2(i)C_{\tau\Psi}^i \frac{\mathrm{d}^2 x_g}{\mathrm{d}t^2} - \rho_w K_m \times yei_1(i)C_{\tau\Psi}^i \frac{\mathrm{d}^2 y_g}{\mathrm{d}t^2}$$

$$-\rho_w K_m \times zei_1(i)C_{\tau\Psi}^i \frac{\mathrm{d}^2 z_g}{\mathrm{d}t^2} + \rho_w K_m R \left(\int_0^{2\pi} \forall \sin(i\alpha)\mathrm{d}\alpha\right)C_{\tau\Psi}^i \frac{\mathrm{d}\omega_3}{\mathrm{d}t} + \frac{C_l^i}{2R}\frac{\partial^2 \Psi_i^s}{\partial t^2}$$

$$= C_{\tau\Psi}^i F_{uw}^1 - \frac{C_e^i}{2R}\Psi_i^s \qquad (7.40)$$

④ 绕 v 轴的纯弯曲转角 ϕ_v 的时间模态 $\Psi_i^c(t)$ 的控制方程

$$-\rho_w K_m \times xei_2(i)C_{\tau\Psi}^i \frac{\mathrm{d}^2 x_g}{\mathrm{d}t^2} - \rho_w K_m \times yei_2(i)C_{\tau\Psi}^i \frac{\mathrm{d}^2 y_g}{\mathrm{d}t^2}$$

$$-\rho_w K_m \times zei_2(i)C_{\tau\Psi}^i \frac{\mathrm{d}^2 z_g}{\mathrm{d}t^2} + \rho_w K_m R \left(\int_0^{2\pi} \forall \cos(i\alpha)\mathrm{d}\alpha\right)C_{\tau\Psi}^i \frac{\mathrm{d}\omega_3}{\mathrm{d}t}$$

$$+ \frac{C_l^i}{2R}\frac{\partial^2 \Psi_i^c}{\partial t^2} = C_{\tau\Psi}^i F_{uw}^2 - \frac{C_e^i}{2R}\Psi_i^c \qquad (7.41)$$

从上面的方程(7.38)、方程(7.39)、方程(7.40)和方程(7.41)中可以看出：等号左边的前四项为浮架的平移加速度 $\frac{\partial^2 x_g}{\partial t^2}$，$\frac{\partial^2 y_g}{\partial t^2}$，$\frac{\partial^2 z_g}{\partial t^2}$ 和回转加速度 $\frac{\partial \omega_3}{\partial t}$ 所引起的附加质量力，第五项为时间模态的惯性力；等号右边为外力和时间模态自身对方程的贡献。

8 浮架运动模型及变形理论验证

在前面的分析中,已经得到了浮架运动和变形的耦合方程,为了检验本文给出的方法的实用性,本章对文中所得的控制方程做了验证。对于浮架的运动方程,将计算结果和物理模型实验结果做了对比;而对于浮架的变形控制方程,则是将其变形结果与商业软件 ANSYS 得到的结果做了比较,所得结论说明了本文方法能够用来分析浮架的水弹性问题。

8.1 浮架运动模型验证

浮架运动模型的验证是通过对比计算结果和实验结果来完成的。下面先简单介绍一下本文所用的物理模型实验的情况。这个物理模型实验是"海洋 863 计划"中"深水养殖网箱的研制"项目中的一部分,由大连理工大学海岸和近海工程国家重点实验室对深水养殖网箱的水动力特性进行了全面、系统的理论分析、数值计算和实验研究。下面对上述实验中关于重力式网箱浮架的水动力特性方面的物理模型实验做一简要介绍。

波浪作用下浮架系统的物理模型实验在大连理工大学海岸和近海工程国家重点实验室的波流水槽中进行,水槽长 69 m,宽2 m,高 1.8 m。模型对称布置于水槽中段,浮架系统的模型布置如图 8.1 所示。

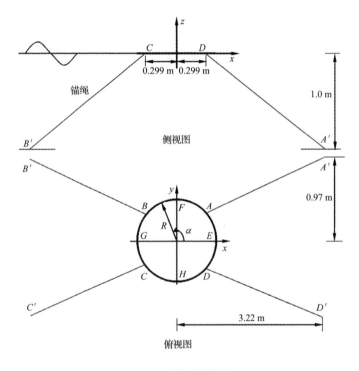

图 8.1　浮架实验模型

Fig. 8.1　The physical model of floating collar

实验中,模型浮架受力通过布置于锚绳底部的四个拉力传感器测量,并且浮架上布置有发光二极管,其运动图像通过水槽外侧的 CCD 相机采集,然后运用课题组开发的图像专用处理程序进行分析,整理图像结果,得到浮架的运动位移和转角。

浮架模型设计基于《波浪模型试验规程》JTJ/T234－2001,根据圆形网箱的尺度和实验室的仪器及实验波况,选定模型实验的几何相似比尺为 1∶20,波浪周期比尺为 1∶4.47。根据模型比尺,对应于原型浮架的尺度分别为:浮管半径 8.46 m,断面半径 0.125 m,壁厚 0.013 m,选用模型浮架的半径为 0.423m,环断面的半径为 0.0076 m,壁厚为 0.00133 m。另外,模型实验中水深为 1 m,考虑单项规则波入射,即沿正向传播的波浪,共有十二种波况,波高和波浪周期分别是:(0.2 m,1.2 s)、(0.2 m,1.4 s)、(0.2 m,1.6 s)、(0.25 m,1.4 s)、(0.25 m,1.6s)、(0.25 m,1.8 s)、(0.29 m,1.4 s)、(0.29 m,1.6 s)、(0.29 m,1.8 s)、(0.34 m,1.6 s)、(0.34 m,1.8 s)、(0.34 m,2.0 s)。实验中用于固定浮架的锚绳选用了四根,分别沿 x 轴和 y 轴对称,如图 8.1 所示。其中点 A、B、C、D 系缆点,它们分别设置在浮架位置角 α 为 $\frac{\pi}{4}$,$\frac{3\pi}{4}$,$\frac{5\pi}{4}$,$\frac{7\pi}{4}$ 处,它们在整体坐标系下的初始坐标分别是:(2.99 m,2.99 m,0 m),(−2.99 m,2.99 m,0 m),(−2.99 m,−2.99 m,0 m),(2.99 m,−2.99 m,0 m);而那些上标是一撇的点 A'、B'、C'、D' 为锚碇点,它们并不是绕浮架的中心对称布置的,坐标分别为(3.22 m,0.97 m,−1 m),(−3.22 m,0.97 m,−1 m),(−3.22 m,−0.97 m,−1 m),(3.22 m,−0.97 m,−1 m)。对于上面的物理模型实验,浮架模型的几何相似基本能得到满足,但根据刚度相似准则,模型所用材料的弹性模量也需要按照模型比尺得到相应的减小,而实际上完全符合这种要求的模型设计几乎是无法实现的,所以在这个模型实验中忽略了模型材料的刚度相似,而是直接采用了原型浮架所使用的材料——高密度聚乙烯(High Density PolyEthylene)。但这样无形中就大大增加了模型的刚度,也就会使得模型浮架的变形相当小,以致于很难观测到。由于模型实验很难对浮架的柔性进行模拟,使得本文对浮架弹性变形的研究变得更加有意义。

除了上面的浮架模型,物理实验中还有一个非常重要的部分,就是锚碇系统的模拟。在这个物理模型实验中,使用 PP 绳索(聚丙烯绳)来模拟锚绳,根据其破断强度与直径的关系,按照相似关系得到模型锚绳的弹性关系,并用橡皮筋来模拟弹性关系,然后拟合模型锚绳的伸长和受力的关系,得到下面锚绳力的计算公式:

$$F_l = \begin{cases} -360.21\varepsilon^2 + 82.9\varepsilon & \text{当 } l > l_0 \\ 0 & \text{当 } l \leqslant l_0 \end{cases}, \text{其中 } \varepsilon = \frac{l - l_0}{l_0} \qquad (8.1)$$

值得注意的是由于模型实验中所采用的锚绳很细,其在水中的运动较弱,所以计算中忽略了模型锚绳的水动力行为,认为其一直保持为直线,直接通过锚碇点和系缆点的距离来计算锚绳长度,从而运用上式计算锚绳力。

以上介绍的是物理模型实验的一些情况。在本文的数学模型中,相关参数除了要与模型实验的参数相一致,另外关于浮架平面内、外刚度的计算也是一个关键问题。图 8.2 给出了浮架的断面形状。

由于在本文的计算中,把浮架的两个浮管简化为一个实心的浮架,所以在计算浮架的浮架断面惯性矩的时候,要对其准确计算。根据图 8.2 所反应的几何关系,利用材料力学中的移轴定理,

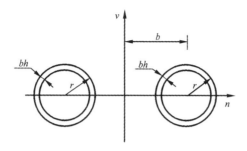

图 8.2 浮架断面

Fig. 8.2 The cross section of floating collar

得到浮架的平面内外的惯性矩,如下

$$I_u = \frac{\pi}{2}\left[r^4 - (r-bh)^4\right]$$

$$I_w = 2A\left(\frac{r^2}{2} + b^2\right) - 2\pi(r-bh)^2\left[\frac{(r-bh)^2}{2} + b^2\right] \quad (8.2)$$

$$I_v = \frac{\pi}{2}\left[r^4 - (r-bh)^4\right] + 2b^2 A$$

其中,I_u 和 I_v 是断面绕 u 轴和 v 轴的弯曲惯性矩,I_w 是扭转惯性矩,b 是某个断面圆心偏离中心的距离,bh 表示浮管的壁厚,A 为浮管的横截面积。

上面介绍的是关于物理模型实验的布置和其相关参数,这些都将会被用到本文的数学模型中。不过,对于浮架在波浪中的运动,本文使用了莫里森方程来计算其所受波浪力,当然这里也必须要选取水动力系数。对于计算浮架所受波浪力的莫里森方程来讲,这里涉及四个参数的取值,即三个方向的拖曳力系数 C_{Dn},C_{Dw},C_{Dv} 以及附加质量系数。

本文所研究的深水重力式网箱浮架漂浮在水面上,对于这种漂浮在水面上的小尺度杆件与莫里森方程起初提出时的情况不同,也就是说不能仍然按照那些用在完全浸没于水中的竖直结构的水动力系数来考虑。法向和平面外波浪力中的拖曳力系数 C_{Dn} 和 C_{Dv} 都采用 0.5,而对于环向波浪力的拖曳力系数 C_{Dw},由于本文中对于单位长度浮架微段沿环向的投影面积与李玉成和桂福坤所采用的不同,本文采用的是浮架断面浸湿的面积,而他们采用的是投影的面积,所以这两种方法所采用的面积相差 π 倍,根据他们的建议,再加上本文考虑了浮架的流固耦合分析,这里取环向的拖曳力系数为 0.05。另外,附加质量系数 Km 本文取 0.2。

通过上面的分析,可以将上述物理模型实验中的情况运用到本文的数学模型中。在数值计算过程中,在求解微分方程时本文采用了四阶龙格－库塔(Runge－Kutta)法,最小时间小于周期的千分之一。另外对于在浮架上的积分,采用一阶格式将浮架分为 400 份进行计算。下面给出本文的计算结果和物理模型实验得到的关于模型浮架的平动位移——横荡和升沉以及最大锚绳力的对比情况。

图 8.3 给出了通过本文数学模型计算得到的运动位移和物理实验得到的测量数据之间的比较。图 8.3(a)给出的是关于最大的正向横荡位移。图 8.3(b)给出的是最大的正向升沉位移,其中实心方块表示上面所述的物理实验的测量结果(以后简称为实验结果),而空心圆圈表示通过本文的数值计算得到的结果(以后简称为数值结果)。

对比图 8.3(a)表示的最大正向纵荡位移的实验结果和数值结果,可以看出:对于波高和周期为(0.2 m,1.4 s)、(0.25 m,1.6 s)、(0.29 m,1.6 s)、(0.34 m,1.8 s)的波况,实验结果和数值结果吻合较好。从各个波况下的对比情况来看,数值模拟能够较好地反应浮架的横荡运动。

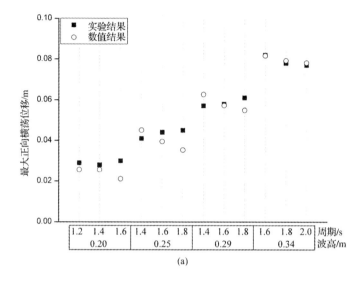

图 8.3(a)　浮架最大正向纵荡位移对比

Fig. 8.3(a)　Comparison of maximum positive surge displacements of floating collar

从图 8.3(b)中的最大正向升沉位移的实验结果和数值结果的对比情况来看,波高越大,数值结果和实验结果之间存在的差别越大;而对比同一波高下不同周期的结果,可以看出数值结果有较好的趋势,而实验结果当波高较大时增加得比较剧烈。

从图 8.3(c)中的前缆的最大锚绳力的实验结果和数值结果的对比情况来看,波高为 0.25 m 和 0.29 m 时以及波浪周期较适中的情况下,吻合较好;而在波高和周期分别为(0.2 m,1.2 s)以及(0.34 m,2.0 s)时,数值结果和实验结果之间的差别有所增大。

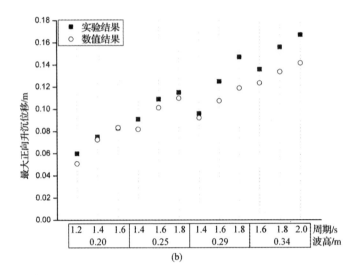

图 8.3(b) 浮架最大正向升沉位移对比

Fig. 8.3(b) Comparison of maximum positive heave displacements of floating collar

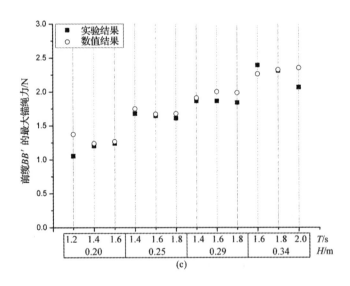

图 8.3(c) 前缆 BB' 的最大锚绳力对比

Fig. 8.3(c) Comparison of maximum forces of the mooring cable BB'

不过,从图 8.3(a)、图 8.3(b)、图 8.3(c)的总体情况来讲,数值结果还是很好地反应了实验结果所表达的情况,也就是说可以通过本文的数学方法来计算浮架在波浪作用下的运动。为了更好地反应浮架在波浪作用下的运动,图 8.4 给出了波高 0.2 m,波浪周期 1.2 s 的波况下,浮架纵荡位移和升沉位移与 x-y 坐标分别在 (0,0)点处的波面升高的时间历程线。

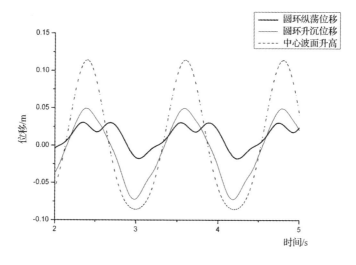

图 8.4 浮架中心运动位移与波面升高对比

Fig. 8.4 Comparison between the central displacements of floating collar and wave elevation

从图 8.4 可以看出,浮架的运动和波面升高具有同步性,可见浮架是在波浪的激励下发生了各个方向的运动。

除了浮架的运动,在上面的数值计算过程中还得到了浮架的变形。下面给出波高为 0.34 m,波浪周期为 2.0 s 的时候浮架平面内、外变形的时间模态的时间历程线。图 8.5、图 8.6、图 8.7 表示的是浮架平面外变形计算中的三个变量的时间模态的时间历程线,分别是平面外变形 v_i^c 以及绕 u 轴和 w 轴的弯曲转角 φ_i^s 和 ξ_i^s,其中 $i=2,3,4,5$。

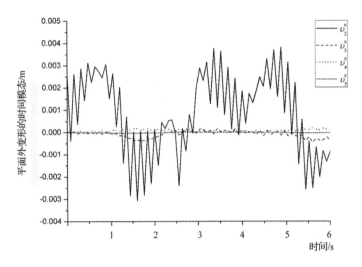

图 8.5 浮架平面外变形的时间模态的时间历程线

Fig. 8.5 Histories of time-dependent modes of out-of-plane deformations of floating collar

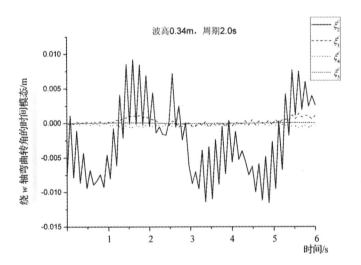

图 8.6 浮架绕 w 轴弯曲转角时间模态的时间历程线

Fig. 8.6 Histories of time-dependent modes of deflection slope of floating collar around the w-axis

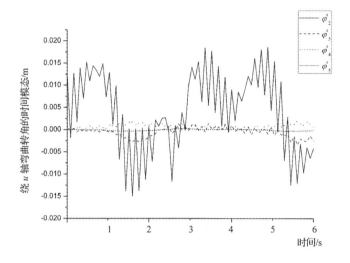

图 8.7　浮架绕 u 轴弯曲转角时间模态的时间历程线

Fig. 8.7　Histories of time-dependent modes of deflection slope of
floating collar around the u-axis

图 8.8 和图 8.9 为浮架平面内变形计算中的两个变量的时间历程线,分别是环向变形的 τ_i^s 和绕 v 轴弯曲转角的 Ψ_i^s,其中 $i=2$,3,4,5。

对于浮架平面内外变形的时间模态,在第 6 章的介绍中总共给出了十种针对余弦和正弦的模态,不过由于图 8.8 给出的变形是沿 x 轴正向入射的,而浮架的布置恰好是沿主轴对称的,所以在计算中同一变量有一种时间模态为零。所以这里只给出浮架变形中不为零的时间模态。

对于上面的五张图,我们将这五种时间模态的绝对值最大值取出并列表如下(表 8.1):

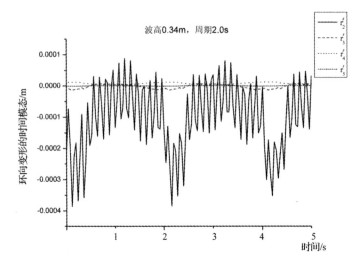

图 8.8　浮架环向变形时间模态的时间历程线

Fig. 8. 8　Histories of time-dependent modes of circumferential deformations of floating collar

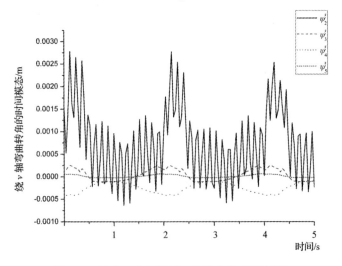

图 8.9　浮架绕 v 轴弯曲转角时间模态的时间历程线

Fig. 8. 9　Histories of time-dependent modes of deflection slope of the floating collar around the v-axis

表 8.1　正向波浪下单根锚绳破坏时环的变形与位移

Tab. 8. 1　The deformation and displacement of flout callar with a failing mooring cable subjected to waces of a single direction

波高 0.34 m 周期 2 s	$v_i{}^c$ 绝对值 最大值(m)	$\varphi_i{}^s$ 绝对值 最大值(m)	$\xi_i{}^s$ 绝对值 最大值(m)	$\tau_i{}^s$ 绝对值 最大值(m)	$\Psi_i{}^s$ 绝对值 最大值(m)
$i=2$	4.02E−3	1.96E−2	1.21E−2	3.86E−4	2.78E−3
$i=3$	5.36E−4	3.90E−3	1.68E−3	1.36E−5	2.56E−4
$i=4$	2.23E−4	2.16E−3	7.09E−4	1.21E−5	4.16E−4
$i=5$	3.10E−5	3.73E−4	9.88E−5	1.21E−6	6.49E−5

单从量级上便可以看出，所有的时间变量中 $i=2$ 这个模态的值最大，模态数越大，其量值越小。对于 $i=5$ 的时候，已经不到第二个模态的 1% 了，也就是说在计算中选用 $i=5$ 就可以了。所以本文的计算选取每个变形的最大模态数都是 5。

另外，从图 8.4 中可以看到浮架的最大平面外变形应该不会超过 5 毫米，而从图 8.7 可以看出浮架的最大平面内变形不会超过 0.5 毫米，这两个量级与浮架的直径 0.846 m 相比，已经非常小，所以也就验证了物理模型实验中忽略刚度相似这一点所造成的变形小的结论，因此在上面的模型实验中是可以忽略浮架的变形的。对于平面内外的变形，相差一个量级的问题，是由于平面内的刚度要远远大于平面外的刚度，这一点在后面的讨论中将会继续说明。

8.2　浮架的变形理论验证

上一节针对本文提出的计算浮架水弹性的数学方法，通过对比浮架纵荡和升沉的正向最大位移以及最大锚绳力的数值计算结果和物理模型的测量值,验证了此方法对于浮架水动力特性的模拟是可用的,这一小节将对本文提出的浮架平面内、外变形的计算方法进行验证。为了对比本文得到的计算结果,作者用商业软件 ANSYS 计算了浮架在两端拉伸或抬升时的变形形状,同样文中的数学模型也计算同样的情况,并将所得结果与 ANSYS 的结果进行对比。下面先简单介绍一下 ANSYS 软件。

　　ANSYS 软件是融结构、流体、电场、磁场、声场分析于一体的大型通用有限元分析软件。由世界上最大的有限元分析软件公司之一的美国 ANSYS 开发,它能与多数 CAD 软件接口,实现数据的共享和交换,如 Pro/Engineer, NASTRAN, Alogor, I－DEAS, AutoCAD 等,是现代产品设计中的高级 CAD 工具之一。软件主要包括三个部分:前处理模块,分析计算模块和后处理模块。前处理模块提供了一个强大的实体建模及网格划分工具,用户可以方便地构造有限元模型;分析计算模块包括结构分析(可进行线性分析、非线性分析和高度非线性分析)、流体动力学分析、电磁场分析、声场分析、压电分析以及多物理场的耦合分析,可模拟多种物理介质的相互作用,具有灵敏度分析及优化分析能力;后处理模块可将计算结果以彩色等值线显示、梯度显示、矢量显示、粒子流迹显示、立体切片显示、透明及半透明显示(可看到结构内部)等图形方式显示出来,也可将计算结果以图表、曲线形式显示或输出。软件提供了 100 种以上的单元类型,用来模拟工程中的各种结构和材料。该软件有多种不同版本,可以运行在从个人机到大型机的多种计算机设备上,如 PC、SGI、HP、SUN、DEC、IBM、CRAY 等。本文只是通过 ANSYS 的结构分析功能来验证本文的计算浮架变形的方法。

首先，根据本文的模型，建立 ANSYS 中的模型。由于本文计算浮架变形采用曲梁理论，所以在选取 ANSYS 中的单元类型（Element Type）时，选择 Beam189。Beam189 是三维二次（三节点）有限应变梁单元，每个节点有 6 到 7 个自由度，适合用于分析细长的、断面不是很粗的梁结构。这个单元基于 Timoshenko 梁理论，同时考虑了剪切效应，能很好地求解线性、大转角和线性大应变的情况。对于材料模型（Material Models），选择结构分析中的各向同性的线性材料（Structural→Linear→Elastic→Isotropic），其中材料弹性模量为 900Mpa，泊松比为 0.42，这是高密度聚乙烯材料的参数值。浮架断面（Sections）形式选为梁（Beam），断面半径为 0.125m，分成 100 份。建立浮架模型，半径为 8.46m，划分网格，每段分 600 份，最后共形成 4800 个节点（nodes）。

模型建立之后，要对浮架进行加载。首先考虑浮架的平面外变形，即在浮架两个端点加载，图 8.10 给出了本文计算中浮架的平面外加载前的情况。

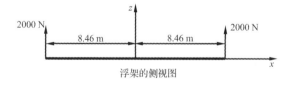

图 8.10　浮架平面外加载

Fig. 8.10　The out-of-plane loading acting on floating collar

对于 ANSYS 的计算，由于在其计算工程中，运动和变形是同时进行的，所以对于单独计算浮架变形时，要给 ANSYS 的模型加约束。考虑到本文计算中,浮架上位置角为 $\frac{\pi}{4},\frac{3\pi}{4},\frac{5\pi}{4},\frac{7\pi}{4}$ 处的平面

外变形为 0,所以在 ANSYS 的模型中在位置角为 $\frac{\pi}{4},\frac{3\pi}{4},\frac{5\pi}{4},\frac{7\pi}{4}$ 的

节点上加 z 方向的约束,使其 z 方向变形保持为 0,本文所建
ANSYS 模型中这四个节点的节点号分别为 602,1802,3002,4201。
另外,荷载加在节点 1 和 1202 号上,加载方式为常值 2000N。加载
后,用 ANSYS 进行计算,图 8.11 给出了 ANSYS 所计算的浮架的
平面外变形,如虚线所示。由于浮架及加载的对称性,这里给出了
侧视图。另外,为了更加清晰地反映浮架的平面外变形,图 8.11
的白线是未受力时的浮架侧视效果。

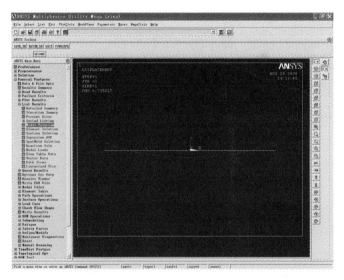

图 8.11　ANSYS 计算的浮架平面外变形

Fig. 8.11　The out-of-plane deformation of the floating collar calculated by ANSYS

将 ANSYS 的计算结果提取出来,与本文的计算结果进行对比,如图 8.12 所示。

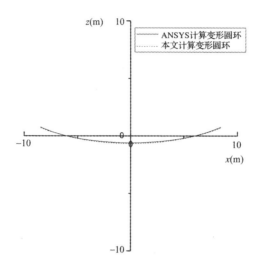

图 8.12　浮架平面外变形的对比结果

Fig. 8.12　The comparison of the out-of-plane deformation of the floating collar

从上面的结果可以看出:本文的结果(虚线)和 ANSYS(实线)的计算结果几乎重合,这说明本文所提出的数学方法能够很好地计算浮架的平面外变形。

下面再对浮架的平面内变形分别用本文的控制方程和 ANSYS 进行计算。图 8.13 给出了本文计算中浮架的平面内加载前的情况,对于 ANSYS 的加载与其一致。

其中,浮架的尺度采用原型浮架的大小,半径为 8.46 m,断面半径为 0.125 m,浮架材料的弹性模量为 900 MPa,两端各加载 5000 N。对浮架两端加载,加载点设在模型的节点上,节点号分别为 1 和

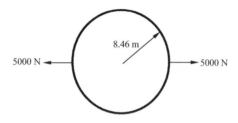

图 8.13　浮架两端平面内加载

Fig. 8.13　The in-plane loading acting on floating collar

1202,所加载力大小均为 5000 N。图 8.14 给出的是 ANSYS 在上述情况下的计算结果,其中圆形为加载前的浮架,椭圆为加载后的变形浮架。

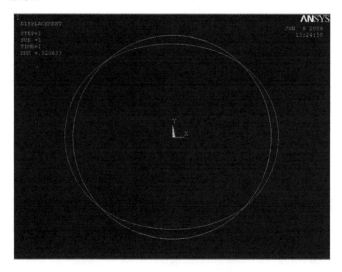

图 8.14　ANSYS 计算浮架两端加载

Fig. 8.14　The results of a loaded floating collar from ANSYS

从图 8.15 可以看出,浮架在两端加载的情况下变成了一个椭圆。将 ANSYS 的计算结果与本文中的模型所得结果在图 8.15 中进行对比。

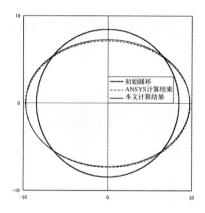

图 8.15　ANSYS 和本文模型计算的变形浮架的对比

Fig. 8.15　The comparison of a deformed floating collar obtained from

ANSYS and the model proposed in this study

9 浮架运动及变形探讨

通过前面的描述和分析,已经得到了求解简化浮架——浮架的运动和变形的控制方程,而且对于浮架变形和运动的耦合关系也进行了详尽的说明。为了考察本文方法的可用性,分别通过对比物理模型实验和商业软件的计算结果验证了本文给出的数学模型能够用来分析浮架的水弹性问题。其中,通过将浮架横荡和升沉的计算结果和实验测量结果进行对比,验证了运动模型的可信性;关于浮架变形的理论,本文考虑一种非常简单的情况,分析了浮架的静力行为,分别在两端施加平面内、外的集中力,得到平面内、外的变形浮架,然后对比本文的数值结果和 ANSYS 的计算结果,发现两种方法得到的变形后的浮架能够很好地吻合在一起,说明本文的计算方法能够准确地计算浮架的变形,从而验证了本文计算浮架变形的方法的正确性。本文的方法不仅节省时间和投入,而且可以随意变换参数,对所要考虑的情况进行分析,能够给出定性的了解。如果需要特定的情况下的准确信息,本文的方法还可以通过细化程序,给出定量的结果。下面针对网箱生产有实际价值的情况进行讨论,通过探讨浮架在各种参数情况下的变形和运动情况,希望能够对浮架的设计有所帮助。

对于下面所要进行的讨论,为了更好地反映浮架的运动变形情况,采用了原型尺寸的网箱,如图 9.1 所示。

图 9.1 中浮架的半径为 8.46 m,断面半径为 0.125 m,断面壁厚为 0.013 m,水深为 20 m。另外,锚绳布置角度与前面所述实验中的相似,系缆点 A、B、C、D 布置在浮架上位置角为 $\frac{\pi}{4}$,$\frac{3\pi}{4}$,$\frac{5\pi}{4}$ 和 $\frac{7\pi}{4}$ 的点上,而锚碇点 A'、B'、C'、D' 并未按照中心对称的原则进行布置,而是将 A' 和 B'、C' 和 D' 按照 y 轴对称,将 A' 和 D'、B' 和 C' 按照 x 轴对称进行布置,它们的坐标分别为(64.5 m,19.4 m,-20.0 m),(-64.5 m,19.4 m,-20.0 m),(-64.5 m,-19.4 m,-20.0 m),(64.5 m,-19.4 m,-20.0 m)。对于系于浮架上的锚绳,由于这里重点考察的是浮架的运动和变形,所以忽略了其水动力行为,仍然采用模型计算中的方法,即计算两点伸长,运用经验公式计算锚绳力。对于原型锚绳,一般采用直径 38 mm 的聚乙烯绳制作而成,所以这里用其受力与伸长的关系来计算本文数学模型中的锚绳受力,如下:

$$F_l = \begin{cases} 372494.08\varepsilon^{1.037} & \text{当 } l > l_0 \\ 0 & \text{当 } l \leqslant l_0 \end{cases} \quad \text{其中},\varepsilon = \frac{l - l_0}{l_0} \qquad (9.1)$$

运用上面所给模型,考虑波浪入射角、锚绳布置角度、浮架尺寸以及波浪周期对浮架变形的影响,另外还分析了浮架在恶劣条件下的变形情况等等,希望通过这样的讨论能够对浮架的设计有所帮助。

9.1 波浪入射角对浮架变形和锚绳力的影响

对于入射波浪,这里仍然采用规则波浪,水质点速度和加速度由二阶波浪理论给出。这里考虑浮架处在波高为 2 m,波浪周期为 20 s 的波浪作用下,分析不同的波浪入射角对于浮架弹性变形的影响,这里波浪入射角 σ 定义为波浪正方向与 x 轴正方向的夹角,如图 9.1 所示。这一小节所考虑的波浪入射角从 0 弧度到 $\frac{\pi}{2}$ 弧度变化,间隔为 $\frac{\pi}{16}$ 弧度。下面分别给出浮架平面内外的变形受波浪入射角的影响。

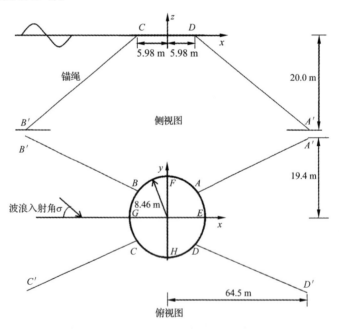

图 9.1 网箱原型模型

Fig. 9.1 The prototype model of net cage

图 9.2 反映了浮架上最大的法向变形受波浪入射角的影响，图 9.3 反映了浮架上最大的环向变形受波浪入射角的影响。图 9.2 和图 9.3 表示的是浮架平面内变形的情况，从中可以看出，波浪入射方向与 x 轴之间的角度 σ 越大，浮架的最大法向变形 u 和环向变形 w 就越大，也就是说当波浪沿着 x 轴的方向传播的时候，浮架的平面内变形最小。另外对比图 9.2 和图 9.3 可以看出，最大法向变形值从 0.04 m 到 0.049 m 变化的趋势较明显，增长较快，而最大环向变形值从 0.018 m 到 0.0215 m 增长较缓慢，而且可以得知，法向变形接近环向变形的两倍。这说明如果浮架在平面内破坏的话，应该是出现在法向，也就是说出现弯曲破坏，其抗压性要好于其抗弯性。

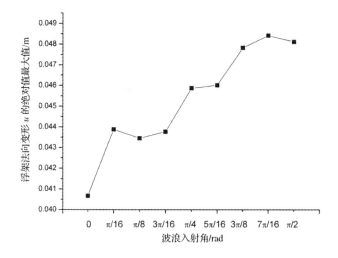

图 9.2　浮架法向变形的绝对值最大值随波浪入射角的变化

Fig. 9.2　The effect of wave directions to the maximum absolute normal deformations of the floating collar

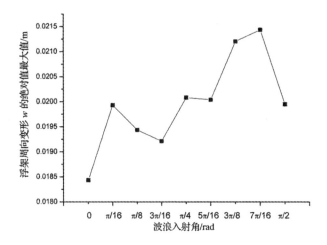

图 9.3　浮架周向变形的绝对值最大值随波浪入射角的变化

Fig. 9.3　The effect of wave directions to the maximum absolute circumferential

deformations of the floating collar

　　上面两张图描述的是浮架平面内变形受波浪入射角影响的情况，图 9.4 描述了浮架平面外变形 v 的绝对值的最大值随波浪入射角的增加而变化的情况。

　　从图 9.4 可以看出，当波浪入射角分别为 0 和 $\dfrac{\pi}{2}$ 的时候，也就是波浪沿着 x 轴正向和 y 轴负向传播时，浮架的平面外变形 v 的绝对值最大值与其他入射情况相比出现最小的情形。而最大的平面外变形出现在波浪入射角为 $\dfrac{3\pi}{16}$ 弧度的时候，其值约是波浪入射角为 $\dfrac{3\pi}{16}$ 弧度的时候的 140%，这个增长幅度是很可怕的。所以要使得波浪沿浮架的主轴，即锚绳布置时的对称轴传播，这样才能使得浮架的平面外变形更小。

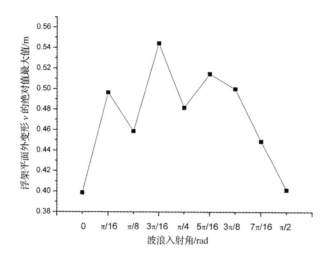

图 9.4 浮架平面外变形的绝对值最大值随波浪入射角的变化

Fig. 9.4 The effect of wave directions to the maximum absolute out-of-plane deformations of the floating collar

综合考虑上面图 9.2、图 9.3 和图 9.4 可以看出：对于浮架的变形，当波浪沿 x 轴正向传播时，浮架会发生较小的变形，包括平面内变形和平面外变形，也就是说锚绳布置的对称轴与波浪的主方向一致时，上面所述情况即是沿 x 轴方向，可以使得浮架更不易破坏。另外，对比浮架的平面内外变形，不难发现：其平面外变形要远大于其平面内变形，其中平面外变形要比法向变形大一个量级，而比环向变形要大 20 倍还多，这是因为在简化浮架的时候，忽略了支撑、扶手以及连接件对浮架刚度的贡献，而导致其平面外的弯曲刚度要比其平面内的弯曲刚度低一个量级。这一点的影响将在以后的计算中有所弥补。

上面分析的是关于波浪入射角对浮架变形的影响，而关于锚绳力受波浪入射角的影响也同样重要。图 9.5 给出了不同波浪入射角下各锚绳最大受力的变化。

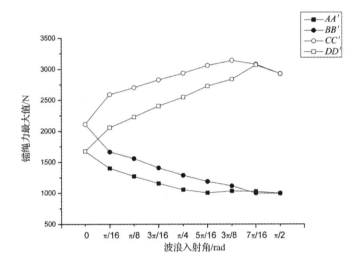

图 9.5　不同波浪入射角时锚绳力最大值

Fig. 9.5　The maximum mooring cable force for different wave incident angles

从图 9.5 可以看出：随着波浪入射角的增大，位于 y 轴正向的两个锚绳 AA' 和 BB' 与 y 轴负向的两个锚绳 CC' 和 DD' 的锚绳力差距在变大；当波浪入射角为 $\frac{\pi}{2}$ 的时候，也就是波浪沿着 y 轴负向传播的时候，会出现较大的锚绳力（3000 N），而且锚绳力之间的差距也较大，这对于网箱的布置是很不利的；而当波浪入射角为 0°的时候，也就是波浪沿着 x 轴正向传播的时候，不仅四根锚绳的受力比较接近，而且锚绳力的最大值相对来说也比较小（2200 N），这有利于在布置网箱的时候采用统一的锚绳。所以，为了得到较合适的锚绳受力，也需要浮架的主轴与波浪的主方向一致。

通过上面的分析,无论是从浮架的变形上考虑,还是从锚绳力的角度考虑,在布置浮架的时候,将其主轴安排与波浪的入射方向一致,都是最为有利的。

9.2 锚绳布置角度对浮架变形和锚绳力的影响

经过上面关于波浪入射角对浮架变形影响的分析,了解到当波浪沿 x 轴入射时,浮架会产生较小的变形,而且锚绳力也是网箱设计所希望得到的。所以根据上面得到的结论,下面考虑当波浪入射角为 $0°$ 时,即波浪沿着 x 轴入射时,不同的锚绳布置角度对浮架变形以及锚绳力的影响。

图 9.6 给出了三种锚绳的布置角度的俯视图,其中系缆点 A、B、C、D 都布置在浮架上位置角为 $\frac{\pi}{4}$,$\frac{3\pi}{4}$,$\frac{5\pi}{4}$ 和 $\frac{7\pi}{4}$ 的点上,而锚碇点 A'、B'、C'、D' 的安排有所不同。

图 9.6(a)与上面采用的锚绳布置角度相同,将 A' 和 B'、C' 和 D' 按照 y 轴对称,将 A' 和 D'、B' 和 C' 按照 x 轴对称进行布置;而图 9.6(c)的情况与图 9.6(a)相类似,只是锚碇点的 x 和 y 坐标值互换;图 9.6(b)显示的锚绳恰好是在两者中间,也就是四根锚绳按照中心对称方式布置。为后面的表达方便,图 9.6(a)、图 9.6(b)、图 9.6(c)分别被称为布置角度 1、布置角度 2、布置角度 3。按照上面给出的布置角度,当波高为 2 m,波浪周期为 20 s 的波浪沿 x 轴正向入射时,考虑锚绳布置角度对浮架变形和锚绳力的影响,表 9.1 给出了三种布置角度下浮架上最大的平面内、外变形和最大的锚绳力。

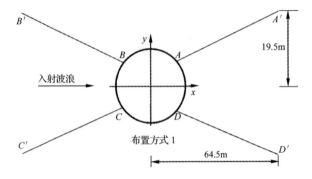

图 9.6(a)　锚绳布置角度 1

Fig. 9.6(a)　The first configuration of mooring cables

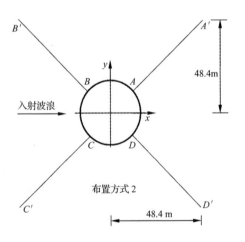

图 9.6(b)　锚绳布置角度 2

Fig. 9.6(b)　The second configuration of mooring cables

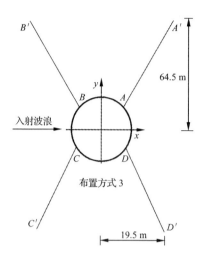

图 9.6(c) 锚绳布置角度 3

Fig. 9.6(c) The third configuration of mooring cables

表 9.1 锚绳布置角度对浮架变形和锚绳力的影响

Tab. 9.1 The effect of different configurations on the deformations of the floating collar and mooring cable forces

波浪入射角为 0°	u 的绝对值最大值(m)	w 的绝对值最大值(m)	v 的绝对值最大值(m)	锚绳 AA' 的最大值(N)	锚绳 BB' 的最大值(N)	锚绳 CC' 的最大值(N)	锚绳 DD' 的最大值(N)
布置角度 1	0.040668	0.018434	0.398737	1675.781	2110.592	2110.592	1675.781
布置角度 2	0.009399	0.002694	0.406882	1609.241	2084.587	2084.587	1609.241
布置角度 3	0.048172	0.019968	0.401414	994.7026	2925.308	2925.308	994.7026

从表 9.1 中可以看出,当锚绳按照布置角度 2 安排时,浮架最大的法向变形和环向变形要比其他两种方式下的变形值小得多,而三种方式对浮架最大平面外变形的影响不是很大。对于锚绳力

的影响，由于有多根锚绳，所以需要综合考虑。对比三种布置角度可以看出：锚绳 BB' 和 CC' 的受力要比锚绳 AA' 和 DD' 的受力大，这说明迎浪测的锚绳比背浪侧的锚绳所受的力要大；另一方面，对比同一锚绳在三种布置角度下的锚绳力，可以发现，布置角度 2 与其他两种布置角度相比，四根锚绳的受力都是最小的，而对于四个锚绳力之间的差距，布置角度 1 和布置角度 2 的差别不大，要小于布置角度 3 的差距。所以，得到这样的结论：为了使得浮架的变形较小，并且得到相对较小而且锚绳受力之间较为接近的锚绳布置角度，选择四根锚绳沿着与主轴成 45°角的方位布置是比较合理的。

另外，对比平面内和平面外的变形，也可以清楚地看到 v 要比 u 和 w 大一个量级，这一点在分析波浪入射角的影响的时候已经有过阐述。这主要是因为在平面内布置两个浮管会使得浮架的平面内刚度大大提升，而平面外的刚度却没有很大的改变，所以使得平面外的变形远远大于平面内的变形。不过，值得说明的是，实际浮架还有扶手和立管，这就大大增加了浮架的平面外刚度。所以在以后的讨论中，我们假设平面内外的刚度一样大，即 $I_u = I_w = I_v$，这样会使得浮架平面内外的变形相差不会很大，而可以选择较小的波浪周期。

9.3 浮架尺度对变形和锚绳力的影响

通过上面的分析,得到了比较理想的锚绳布置角度和波浪来向,即考虑四根锚绳按照其投影平分两个浮架主轴的方向进行安排,而波浪沿着 x 轴的正向入射。运用这样的模型,下面来分析一下浮架尺度——浮架的半径对其变形的影响。这里考虑七个浮架的半径,分别是 6.96 m、7.46 m、7.96 m、8.46 m、8.96 m、9.46 m、9.96 m,将浮架置于波高是 2 m,波浪周期为 10 s 的规则波浪中,注意这里的浮架平面内外刚度相等。图 9.7 给出了浮架最大平面内、外变形受其半径的影响,其中图 9.7(a)和图 9.7(b)是关于浮架平面内变形,即法向和环向的最大变形受浮架半径的影响,而图 9.7(c)给出了浮架半径对其平面外最大变形的影响。

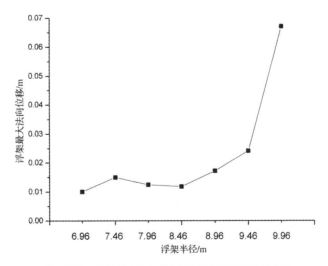

图 9.7(a) 浮架最大法向变形随着浮架半径变化的响应
Fig. 9.7(a) The responses of maximum normal deformations with the increasing radius of floating collar

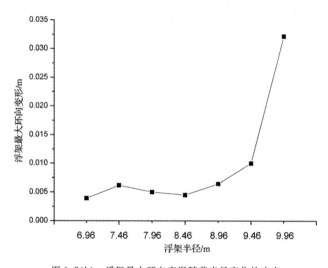

图 9.7(b) 浮架最大环向变形随着半径变化的响应

Fig. 9.7(b) The responses of maximum circumferential deformations with the increasing radius of the floating collar

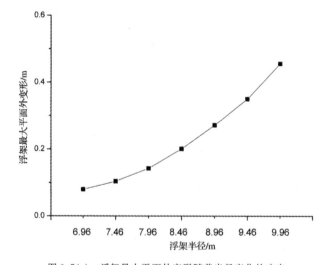

图 9.7(c) 浮架最大平面外变形随着半径变化的响应

Fig. 9.7(c) The responses of maximum out-of-plane deformations with the increasing radius of the floating collar

从图9.7(a)和图9.7(b)这两个关于平面内的变形图中可以看出：当浮架的半径为6.96 m、7.46 m、7.96 m、8.46 m的时候，浮架最大的法向和环向变形控制在一个比较稳定的范围；而当浮架半径大于8.46 m的时候，其平面内变形开始增加，而且是按照指数形式的增加，尤其当半径达到9.96 m时，其变形已经要比之前大得多，所以建议浮架半径不能超过9.5 m；另外从走势来看，浮架的平面内变形先是有个小幅的增加，而后减小，之后又快速增加，在半径为8.46 m的时候达到一个较小的值，这就说明，在让浮架有尽可能大的周长的前提下，即让网箱有尽可能大的容积，半径为8.46 m的浮架可以发生较小的平面内变形。另外，图9.7(c)是关于浮架最大平面外变形对于其半径的响应，从中可以看出，随着半径增大，最大的平面外变形也增大，增加的趋势类似于指数形式，这样就说明浮架半径越大，其平面外变形增加得越快。

从这三张图的趋势来看，浮架的半径不宜太大，虽然更大的半径可以使得网箱得到更大的水体，但是其变形也很大；而太小的半径会直接导致网箱容积的减小，这必然会导致网箱产量的明显下降。所以，对比浮架强度和实际生产的需要，当考虑波高2 m，周期10 s的波浪时，采用浮架浮架半径为8.46 m还是较合理的，因为这时的浮架平面内、外变形较小。当然，实际的波浪场会很复杂，不过利用本文提出的方法，可以给出在所需海况下较实用的浮架尺度。

再对比一下图 9.7 的三张图中平面内、外最大变形的量级，可以发现：平面外的变形要比平面内的变形大一个量级，也就是说同样的刚度，平面外的变形要比平面内的大得多，这就要求在浮架设计过程中，应该特意加大其平面外的刚度，以减小破坏的发生。

除了上面分析的关于浮架半径对其变形的影响，还要考虑不同半径浮架所带来的运动响应的大小，因为网箱的运动幅度的大小会直接影响箱内鱼类生活的舒适性。图 9.8 给出了浮架随半径变化的最大横荡位移（沿 x 轴正向）的响应。

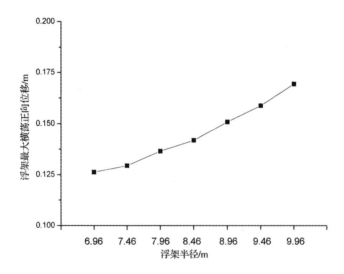

图 9.8　浮架最大纵荡位移随半径变化的响应

Fig. 9.8　The responses of maximum surge displacements with the increasing radius of the floating collar

从图中可以看出：浮架的最大纵荡位移随着其半径的增加而变大，幅度变化不大；从量级上来讲，其运动的幅值相比于浮架半径来讲已经很小，只是在浮架的断面半径这个量级上，也就是说在波高 2 m，周期 10 s 的情况下，浮架的运动很弱。但是对于更复杂的波浪条件，甚至是大的风暴来说，网箱的运动会达到很大的程度，这就需要针对不同的情况作出判断。

上面讨论了浮架半径的变化对其变形和运动的响应，同样需要在这里关注的还有锚绳力的响应，图 9.9 给出了最大的锚绳力随着浮架半径变化的响应。由于波浪是沿着 x 轴的正向传播，所以锚绳 AA' 和 DD' 的力是相等的，锚绳 BB' 和 CC' 的力也是相等的，图中只是给出两个锚绳的力。

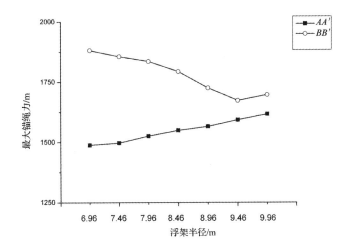

图 9.9　最大锚绳力随浮架半径变化的响应

Fig. 9.9　The responses of maximum mooring cable forces with the increasing radius of the floating collar

从图 9.9 可以看出：浮架半径增大，锚绳力在变小，这主要是因为浮架的运动幅度的增加值显著小于其半径的增加值；另外，从趋势上也可以看出，半径增大时，锚绳力之间的差距在变小，这正是实际生产中所需要的。当然，要想满足锚绳力小，而且保证锚绳力相差不多这样的要求，确实是非常理想的，但是，考虑到浮架变形的因素，就不能只是单单考虑满足一个方面的要求，要综合分析才能得到较满意的结果。

综合考虑上面关于浮架变形、运动以及锚绳力随着其半径变化的响应，可以得到下面的结论：在文中所计算的海况下，波高 2 m，周期 10 s，沿 x 轴正向入射；锚绳按照正对称方式布置，浮架的半径取为 8.46 m 是比较合理的。对于不同海况，可以通过本文的方法计算得到其较合适的半径值。

9.4　浮架变形和运动随波浪周期的响应

通过上面的分析，得到了一个较为合理的浮架模型。但对于浮架的运动和变形来讲，其自身在波浪激励下是否会发生共振效应，同样是需要关注的。这里选用 9.3 节得到的模型，波浪沿 x 轴正向入射，锚绳按照圆心对称布置，考虑浮架的运动和变形与周期的关系。图 9.10 给出了浮架的最大平面内、外变形随周期变化的响应。

在上面的计算中，波高为 2 m，波浪周期从 3 s 变到 20 s，间隔为 1 s。图 9.10(a)表示浮架最大法向变形的周期响应，图 9.10(b)表示浮架最大环向变形的周期响应，图 9.10(c)表示浮架最大平面外变形的周期响应。

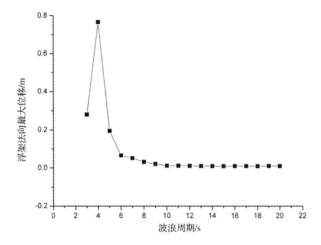

图 9.10(a) 浮架最大法向变形的周期响应

Fig. 9.10(a) The responses of the maximum normal deformations
of floating collar with increasing periods

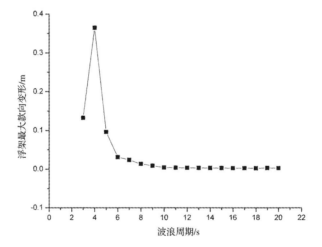

图 9.10(b) 浮架最大环周向变形的周期响应

Fig. 9.10(b) The responses of the maximum circumferential deformations
of floating collar with increasing periods

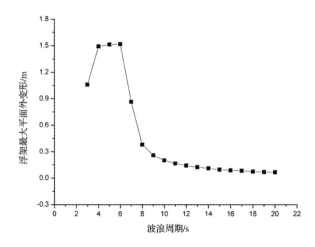

图 9.10(c) 浮架最大平面外变形的周期响应图

Fig. 9.10(c) The responses of the maximum out-of -plane deformations

of floating collar with increasing periods

从图 9.10(a)和图 9.10(b)两张图中可以看出:浮架最大的平面内变形在周期为 4 s 的时候达到峰值,而且此时的值已经很大,所以波浪周期为 4 s 时,会引起浮架的最大平面内变形,要尽量避免网箱在这种情况下工作! 从图 9.9(c)中也可以看到,波浪周期为 4 s,5 s,6 s 时,浮架发生较大的平面外变形。所以对于目前所研究的模型,半径为 8.46 m、断面半径为 0.125 m 的浮架来讲,当波高为 2 m 时,应该尽量避开周期小于 8 s 的海浪,这样才能使浮架的变形较小。当然,这个例子只是给出了一个简单的情况,对于实际中遇到的浮架,需要给出详细的浮架信息和海浪条件才能作出其是否会发生共振的结论。同样,对于某一海域,也可以通过改变网箱形式来调整,使得它能够在此处安全生产。

除了上面分析的关于浮架变形对周期的响应,同样在图 9.11 中给出了浮架最大横荡位移的周期响应。

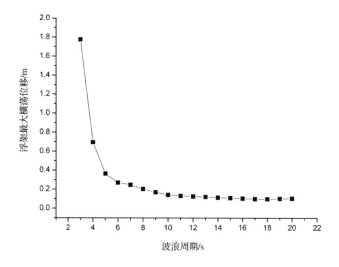

图 9.11　浮架最大纵荡位移的周期响应

Fig. 9.11　The responses of the maximum surge displacements
of floating collar with increasing periods

从图 9.11 可以看出浮架的运动是随着波浪周期增大而变小的，在短周期时会产生很大的横移，而当周期大于 10 s 的时候，浮架的运动对于周期的响应已经很小了。也就是说，对于目前的模型，大于 10 s 的波浪是比较安全的。

通过图 9.10 和图 9.11，我们可以得到这样的结论，对于文中的模型，为了避免共振的发生，要针对所在海域进行分析，使网箱系统的自振周期远离其主要周期，这样不仅可以使浮架的运动响应较小，也可以使浮架变形很小。

9.5 恶劣海况下浮架变形的研究

上面考虑的都是浮架在正常情况下的变形,下面考虑有一根锚绳破坏时浮架变形和运动的情况。这里采用和前面相同的模型,考虑波浪沿 x 轴正向传播,波高为 2 m,周期为 10 s。由于波浪的单向性和浮架及其锚绳的对称性,所以这里只给出当锚绳 AA' 和 BB' 破坏时的情况。表9.2给出了正向波浪情况下锚绳破坏前后浮架的最大变形和横荡位移。

表9.2 正向波浪下单根锚绳破坏时浮架的最大变形与位移

Tab. 9.2 **The maximum deformation and displacement of floating collar of floating collar with a failing mooring cable subjected to waves along positive direction**

	浮架最大的 法向变形(m)	浮架最大的 环向变形(m)	浮架最大的 平面外变形(m)	浮架横荡 运动幅度(m)
没有锚绳破坏	0.01178	0.00448	0.20107	0.837
AA'破坏	0.06941	0.03309	1.21860	1.562
BB'破坏	0.08477	0.04048	1.21510	2.029

从表9.2中可以看出,有锚绳破坏后,浮架平面内、外的变形明显变大,其中,法向变形最少增加6倍多,环向变形增加接近一个量级,平面外变形也增加了6倍多,另外浮架的运动幅度显著加强。对比两种破坏情况,当锚绳 BB' 破坏,浮架的最大平面内变形增加得更加明显,横向的平移幅度也发生了很大的增加。这说明锚绳一旦破断,将会给浮架的变形和运动带来致命的影响,尤其应该特别注意的是迎浪侧的锚绳(BB'),使用中应该经常检查,以防万一!

另外,通过第一小节的分析,了解到波浪入射角为 $\frac{\pi}{4}$ 弧度时,

会出现较危险的情况,所以这里考虑当波浪沿着与 x 轴正向成 $\frac{\pi}{4}$

弧度的方向传播时浮架变形和运动的情况,其中波高为 2 m,周期

是 10 s。表 9.3 给出了斜向波浪情况下,锚绳破坏前后浮架的最大

变形和横荡位移。

表 9.3　斜向波浪下单根锚绳破坏时浮架的最大变形与位移

Tab. 9.3　The maximum deformations and displacements of floating collar
with a failing mooring cable under the action of oblique waves

	浮架最大的 法向变形(m)	浮架最大的 环向变形(m)	浮架最大的 平面外变形(m)	浮架横荡 运动幅度(m)
没有锚绳破坏	0.03762	0.01769	0.19841	0.469
AA'破坏	0.07536	0.03663	1.22528	2.759
BB'破坏	0.06773	0.03218	1.38517	0.555
CC'破坏	0.07338	0.03550	1.04377	2.764
DD'破坏	0.06771	0.03514	1.38517	0.560

对比表 9.3 中锚绳破坏前后的数据,不难得到:有锚绳破坏

时,浮架平面内变形会加倍,而且四根锚绳中任意破坏一根所造成

的变形差别不是很大;而相比之下,平面外的变形在锚绳破坏之

后,会有一个量级的增加,这种情况很可能会使得浮架发生破坏。

另外,对比浮架纵荡的运动幅度,不难发现,锚绳 AA' 和 CC' 的破坏

之后,会使得浮架的运动幅度有非常大的增加,这种增加的横移对

于鱼类的生长是很不利的,而锚绳 BB' 和 DD' 的破坏所带来的运

动幅度的增大不是那么明显。换一个角度比较,背浪侧的锚绳

AA' 或 CC' 破坏会使得浮架平面内变形最大值变大,同时也会使得

浮架横荡的运动幅度有非常明显的变大,而迎浪侧的锚绳 BB' 或 DD' 的破坏会使得平面外的变形有 10 倍级的增大,这是很危险的事情。综合考虑锚绳破坏给浮架变形和运动带来的影响,每根锚绳的作用都是不可或缺的,都必须得到足够的重视。比较保险的办法就是设定八根锚绳,即每个锚绳点和系缆点都设有两根绳,这样才可以更加安全。同时,还要加强平时的检测工作,发现情况及时处理,以免造成大的损失。

参 考 文 献

[1] FAO. State of world aquaculture [R]. Food and Agriculture Organization of the United Nations, Rome, Italy, 2006.

[2] NOAA. A 10−year plan for marine aquaculture [R]. U. S. Department of Commerse. National Oceanic and Atmospheric Adminstration, National Oceanic and Atmospheric Administration, 2007.

[3] NOAA. The national offshore aquaculture act [R]. U. S. Department of Commerse. National Oceanic and Atmospheric Administration, 2007.

[4] Tauti M. The force acting on the plane net in motion through the water [M]. Nippon Suisan Gakkaishi, 1934, 3: 1−4.

[5] Kawakami T. Development of mechanical studies of fishing gear [G]. In: Modern Fishing Gear of the World, London, Fishing News, 1959, 175−184.

[6] Kawakami T. The theory of designing and testing fishing nets in model [G]. In: Modern Fishing Gear of the World, London, Fishing News, 1964, 471−482.

[7] Aarsnes JV, Rudi H, Loland G. Current forces on cage, net deflection [G]. In: Engineering for Offshore Fish Farming, Thomas Telford, London, 1990, 137−152.

[8] Schlichting H, K Gersten. Boundary Layer Theory [M]. Springer, 2000.

［9］Loland G. Current forces on and flow through fish farms ［D］. Trondheim，Norway，Norwegian Institure of Technology，1991.

［10］Herfjord K. A study of two—dimensional separated flow by a combination of the finite element method and Navier—Stokes equations ［D］. Trondheim，Norway，Norwegian Institute of Technology，1996.

［11］Fridman AL. Calculations for Fishing Gear Design ［M］. Farnham，UK：Fishing News Books，1998.

［12］Faltinsen OM，Timokha A. Sloshing ［M］. Cambridge University Press，2009.

［13］Hu F，Matuda K，Tokai T. Effects of drag coefficient of netting for dynamic similarity on model testing of trawl nets ［J］. Fisheries Science，2001，67：84—89.

［14］Bessonneau JS，Marichal D. Study of the dynamics of submerged supple nets（application to trawls）［J］. Ocean Engineering，1998，25：563—583.

［15］Morison JR，O'Brien MP，Johnson JW，et al. The force exerted by surface waves on piles ［J］. Journal of Petroleum Transactions，1950，189：149—154.

［16］Priour D. Analysis of nets with hexagonal mesh using triangular elements ［J］. International journal for numerical methods in engineering，2003，56：1721—1733.

［17］Shimizu T，Takagi T，Korte H，Hiraishi T，Yamamoto K. Application of NaLA，a fishing net configuration and loading analysis system，to bottom gill nets ［J］. Fisheries Science，2007，73：489—499.

［18］Shimizu T，Takagi T，Korte H，Hiraishi T，Yamamoto K. Application of NaLA，a fishing net configuration and loading analysis system，to drigt gill nets ［J］. Fisheries Research，2005，76：67—80.

［19］Fredheim A. 2005. Current forces on net structures ［D］. Trondheim，Norway，Norwegian University of Science and Technology，2005.

［20］Lader PF，Fredheim A. dynamic properties of a flexible net sheet in waves and current — a numerical approach [J]. Aquacultural Engineering, 2006, 35: 228—238.

[21] Lader P, Jensen A, Sveen JK, et al. Experimental investigation of wave forces on net structures [J]. Applied Ocean Research, 2007, 29: 112 —127.

[22] Lader PF, Olsen A, Jensen A, et al. Experimental investigation of the interaction between waves and net structures — damping mechanism [J]. Auqacultural Engineering, 2007, 37: 100—114.

[23] Lader P, Dempster T, Fredheim A, et al. Current induced net deformations in full — scale sea — cages for Atlantic salmon (salmo salar) [J]. Aquacultural Engineering, 2008, 38: 52—65.

[24] Gansel LC. Influence of porosity and fish — induced internal circulation on the flow around fish cages — investigations in the interaction of shear layers, the recirculation zone and vortex streets behind fish cages [D]. Trondheim, Norway, Norwegian University of Science and Technology, 2009.

[25] Gansel LC. Mcclimans TA, Myrhaug D. Average Flow Inside and Around Fish Cages With and Without Fouling in a Uniform Flow [J]. Journal of Offshore and Mechanics and Arctic Engineering, 2012, 134: p. 041201.

[26] Moe H. Strength analysis of net structures [D]. Trondheim, Norway, Norwegian University of Science and Technology, 2009.

[27] Moe H, Fredheim A, Hopperstad OS. Structural analysis of aquaculture net cages in current [J]. Journal of Fluids and Structures, 2010, 26 (3): 503 —516.

[28] Wroldsen AS, Johansen V, Skelton RE, et al. Hydrodynamic loading of tensegrity structures [C]. Proceedings of SPIE — The International Society for Optical Engineering, San Diego, CA, United States, 2006, 6166: 106—117.

[29] Jensen O, Wroldsen AS, Lader PF, et al. Finite element analysis of tensegrity structures in offshore aquaculture installations [J]. Aquacultural Engineering, 2007, 36: 272—284.

[30] Moe H, Olsen A, Hopperstad OS, et al. Tensile properties for netting materials used in aquaculture net cages [J]. Aquacultural Engineering, 2007, 37: 252－265.

[31] Moe H, Gaarder RH, Olsen A, et al. Resistance of aquaculture net cage materials to biting by Atlantic Cod (Gadus morhua) [J]. Aquacultural engineering, 2009, 40: 126－134.

[32] Newman JN. Marine Hydrodynamics [M]. The MIT Press, 1977.

[33] Faltinsen OM. Sea Loads on Ships and Offshore Structures [M]. Cambridge University Press, 1990.

[34] Dean RG, Dalrymple RA. Water Wave Mechanics for Engineers and Scientists [M]. Singapore, World Scientific Publishing Company, 1991.

[35] Molin B. Hydrodynamique des Structures Offshore (French) [M]. Editions Technip, 2002.

[36] Ursell F. On the heaving motion of a circular cylinder on the surface of a fluid [J]. The Quarterly Journal of Mechanics and Applied Mathematics, 1949, 2: 218－231.

[37] Ursell F. Surface waves on deep water in the presence of a submerged circular cylinder [C]. Mathematical Proceedings of the Cambridge Phylosophical Society, 1950, 46: 141－152.

[38] Ursell F. Water waves generated by oscillating bodies [J]. The Quarterly Journal of Mechanics and Applied Mathematics, 1954, 7(4): 427－437.

[39] Newman JN. The Exciting Forces on Fixed Bodies in Waves [J]. Journal of Ship Research, 1962, 6(4): 10－17.

[40] Newman JN. The Exciting Forces on a Moving Body in Waves [J]. Journal of Ship Research, 1965, 9: 190－199.

[41] Cummins W. The impulse response function and ship motions [M]. In Schiffstechnik, 1962, 101－109.

[42] Ogilvie T. Recent progress toward the understanding and prediction of ship motions [C]. In: The Fifth Symposium on Naval Hydrodynamics,

1964，3—128.

[43] Fredriksson DW, Decew JC, Tsukrov I. Development of structural modeling techniques for evaluating HDPE plastic net pens used in marine aquaculture [J]. Ocean Engineering, 2007, 34: 2124—2137.

[44] Gosz M, Kestler K, Swift M, et al. Finite element modeling of submerged aquaculture net — pen systems [C]. In: Proceedings on an Internation Conference on Opean Ocean Aquaculture, Portland, Maine, 1996, 523 —554.

[45] Tsukrov I, Ozbay M, Fredriksson DW, et al. Open ocean aquaculture engineering: numerial modeling [J]. Marine Technology Society Journal, 2000, 34: 29—40.

[46] Swift M, Palczynski M, Kestler K, et al. Fish cage physical modeling for software development and design applications [C]. In: Symposium on Marine Finfish and Shellfish Aquaculture, 1997, 199—206.

[47] Fredriksson DW. Open ocean fish cage and mooring system dynamics [D]. Durham, United States, University of New Hampshire, 2001.

[48] Fredriksson DW, Swift MR, Irish JD, et al. Fish cage and mooring system dynamics using physical and numerical models with field measurements [J]. Aquacultural Engineering, 2003, 27: 117—146.

[49] Fredriksson DW, Decew J, Swift MR, et al. The design and analysis of a four—cage grid mooring for open ocean aquaculture [J]. Aquacultural Engineering, 2004, 32: 77—94.

[50] Fredriksson DW, Swift MR, Eroshkin O, et al. . Moored fish cage dynamics in waves and currents [J]. IEEE Journal of Oceanic Engineering, 2005, 30: 28—36.

[51] Fredriksson DW, Decew JC, Tsukrov I, et al. Development of large fish farm numerical modeling techniques with in situ mooring tension comparisons [J]. Aquacultural Engineering, 2007, 36: 137—148.

[52] Tsukrov I, Eroshkin O, Fredriksson D, et al. Finite element modeling of net panels using a consistent net element [J]. Ocean Engineering, 2003,

30: 251—270.

[53] Swift MR, Fredriksson DW, Unrein A, et al. Drag force acting on biofouled net panels [J]. Aquacultural Engineering, 2006, 35: 292—299.

[54] Tsukrov I, Eroshkin O, Paul W, et al. Numerical modeling of nonlinear elastic components of mooring systems [J]. IEEE Journal of Oceanic Engineering, 2005, 30(1), 37—46.

[55] Fredriksson DW, Swift MR, Irish JD, et al. Fish cage and mooring system dynamics using physical and numerical models with field measurements [J]. Aquacultural Engineering, 2003, 27(2): 117—146.

[56] Berstad AJ, Sivertsen SA, Tronstad H, et al. Enhancement of design criteria for fish farm facilities including operations [C]. In: Proceedings of the International Conference on Offshore Mechanics and Arctic Engineering—OMAE, 2005, 825—832.

[57] Berstad AJ, Tronstad H, Ytterland A. Design rules for marine fish farms in Norway. Calculation of the structural response of such flexible structures to verify structural integrity [C]. In: Proceedings of the International Conference on Offshore Mechanics and Arctic Engineering —OMAE, 2004, 867—874.

[58] Berstad A, Tronstad H. Response from current and regular/irregular waves on a typical polyethylene fish farm [C]. In: Proceedings from Maritime Transportation and Exploitation of Ocean and Coastal Resources (IMAM), 2005.

[59] Bonnemaire B, Jensen A. Modelling fish farms using riflex [M]. DNV Software News, 2006, 01.

[60] Ormberg H. Non—linear response analysis of floating fish farm systems [D]. Norway, Norwegian Institute of Technology, University of Trondheim, 1991.

[61] SINTEF. Riflex — flexible riser system analysis program, theory manual [R]. MARINTEK and SINTEF, Division of Structural Engineering, 1987.

[62] Linfoot BT, Hall M S. Analysis of the Motions of Scale—Model Sea—

Cage Systems [G]. In: Balchen JG, Modelling and Simulation in Aquaculture, Oxford, Pergamon Press, 1987, 31—46.

[63] Reville KM, von Hall EI, Ronning B. The Design and Modeling of a Flatfish Sea Cage [R]. Design Project. Dept. Of Civil and Offshore Engineering. Heriot—Watt University. Edinburgh Scottland, 1995.

[64] Best NA, Goudey CA, Ericsson JD. Model Tests of the Sea TrekTM Barrel Cage [C]. In: Open Ocean Aquaculture. Proceedings of an International Conference, 1996, 399—419.

[65] Goudey CA. Design and Analysis of Self—propelled Open—Ocean Fish Farm [C]. In: Joinging Forces with Industry. Proceedings from the Third International Conference on Open Ocean Aquaculture, 1998, 7—30.

[66] Colbourne DB, Allen JH. Observations on motions and loads in aquaculture cages from full scale and model measurements [J]. Aquacultural Engineering, 2001, 24(2): 129—148.

[67] Lader P, Enerhaug B, Fredheim A, et al. Modeling of 3D Net Structures Exposed to Waves and Current [R]. SINTEF Fisheries and Aquaculture. Trondheim, Norway, 2003.

[68] Lader PF, Enerhaug B. Experimental investigation of forces and geometry of a net cage in uniform flow [J]. IEEE Journal of Oceanic Engineering, 2005, 30(1): 79—84.

[69] Huang CC, Tang HJ, Liu JY. Modeling volume deformation in gravity —type cages with distributed bottom weights or a rigid tube—sinker [J]. Aquacultural Engineering, 2007, 37(2): 144—157.

[70] Huang CC, Tang HJ, Liu JY. Effects of waves and currents on gravity —type cages in the open sea [J]. Aquacultural Engineering, 2008, 38 (2): 105—116.

[71] Lee CW, Kim YB, Lee GH, et al. dynamic simulation of a fish cage system subjected to currents and waves [J]. Ocean Engineering, 2008, 35(14—15): 1521—1532.

[72] Lee CW, Lee JH, Cha BJ, Kim HY, Lee JH. Physical modeling for

underewater flexible systems dynamic simulation [J]. Ocean Engineering, 2005, 32: 331－347.

[73] Kim HY, Lee CW, Shin JK, Kim HS, Cha BJ, Lee GH. dynamic simulation of the behavior of purse seine gear and sea－trial verification [J]. Fisheries Research, 2007, 88: 109－119.

[74] Jia HR, Moan T, Jensen. Coupled Hydrodynamic Analysis between Gravity Cage and Well Boat in Operation [C]. In: Proceedings of the Twenty－second International Offshore and Polar Engineering Conference, 2012, 17－22.

[75] 郭根喜,陶启友. 深水网箱水下网格式锚泊系统的安装工艺 [J]. 渔业现代化, 2004, 1: 32－43.

[76] 章守宇,刘洪生. 飞碟型网箱的水动力学数值计算法 [J]. 水产学报, 2002, 26(6): 519－527.

[77] 崔勇,关长涛,万荣等. 基于有限元方法对波流场中养殖网箱的系统动力分析 [J]. 工程力学, 2010, 27(5), 250－256.

[78] 崔勇,关长涛,万荣等. 基于有限元方法对鲆鲽网箱耐流特性的数值模拟 [J]. 中国海洋大学学报, 2011, 41(6), 51－54.

[79] 宋协法, 万荣, 黄文强. 深海抗风浪网箱锚泊系统的设计 [J]. 青岛海洋大学学报, 2003, 11(6): 881－885

[80] 宋伟华, 梁振林, 赵芬芳等. 单点系泊网衣构件波浪试验研究 [J]. 海洋与湖沼, 2005, 36(3): 200－206.

[81] Fu SX, Moan T. dynamic analyses of floating fish cage collars in waves [J]. Aquacultural Engineering, 2012, 47: 7－15.

[82] Fu SX, Moan T, Chen X J, Cui W C. Hydroelastic analysis of flexible floating interconnected structures [J]. Ocean Engineering, 2007, 34: 1516－1531.

[83] Dong GH, Hao SH, Zong Z, et al. A nonlinear fluid－structure analysis of a circular ring in water waves [J]. Journal of Offshore Mechanics and Arctic Engineering, 2007, 129: 211－218.

[84] Dong GH, Hao SH, Zhao YP, et al. Numerical analysis of the flotation

ring of a gravity—type fish cage [J]. Journal of Offshore Mechanics and Arctic Engineering，2010，132：031304.1－031304.7.

[85] Dong GH，Zheng YN，Gui FK，et al. Research on the float collar of a gravity fish cage [J]. Engineering Applications of Computational Fluid Mechanics，2009，3：430－444.

[86] 桂福坤，李玉成，张怀慧. 网衣受力试验的模型相似条件 [J]. 中国海洋平台，2002，17(5)：23－25.

[87] 李玉成，桂福坤，张怀慧等. 深水养殖网箱试验中的网衣相似准则应用 [J]. 中国水产科学，2005，12(2)：179－187

[88] 李玉成，陈昌平，董华洋等. 重力式网箱锚碇型式优化的研究 [J]. 中国造船，2005，46(增刊)：98－104.

[89] 李玉成，董国海，关长涛等. 深水重力式网箱水动力特性研究报告 [R]. 大连理工大学，2005.

[90] 万荣，宋协法，唐衍力. 养殖网箱耐流特性的计算机数值模拟 [C]. 第一届海洋生物高技术论坛论文集，舟山：2001，361－365.

[91] 崔江浩. 重力式养殖网箱耐流特性的数值模拟及仿真 [D]. 青岛：中国海洋大学，2005.

[92] 詹杰民，胡由展，赵陶等. 渔网水动力试验研究及分析 [J]. 海洋工程，2002，20(2)：49－59.

[93] 詹杰民，孙光明，胡由展等. 深海抗风浪网箱的试验研究 I－平面网和圆形网的试验研究 [G]. 深水抗风浪网箱技术研究，北京，海洋出版社，2005，100－107.

[94] Zhan JM，Li YS，Jia XP，et al. Analytical and experimental investigation of drag on nets of fish cages [J]. Aquacultural Engineering，2006，35(1)：91－101.

[95] 陈昌平，李玉成，赵云鹏. 波浪作用下单体网格式浮架受力的数值模拟 [J]. 中国造船，2007，48：432－441.

[96] 陈昌平，李玉成，赵云鹏等. 水流作用下单体网格式锚碇系统网箱水动力特性研究 [J]. 中国海洋平台，2009，24(2)：11－18.

[97] 陈昌平，李玉成，赵云鹏等. 波流共同作用下单体网格式锚碇网箱水动

力特性研究 [J]. 水动力研究与进展 A 辑，2009，24(4)：493—502.

[98] 陈昌平,李玉成,赵云鹏 等. 波流入射方向对网格式锚碇网箱水动力特性的影 [J]. 中国水产科学，2010，17(4)：828—838.

[99] Chen CP, Li YC, Zhao YP, et al. Numerical analysis on the effects of submerged depth of the grid and direction of incident wave on gravity cage [J]. China Ocean Engineering，2009，23(2)：233—250.

[100] Zhao YP, Li YC, Dong GH, et al. A numerical study on hydrodynamic propeties of gravity cage in combined wave—current flow [J]. Ocean Engineering，2007，34：2350—2363.

[101] Zhao YP, Li YC, Dong GH, et al. Numerical simulation of the effects of structure ratio and mesh style on the 3D net deformation of gravity cage in current [J]. Aquacultural Engineering，2007，36 (3)：285 —301.

[102] Zhao YP, Li YC, Dong GH, et al. An experimental and numerical study of hydrodynamic characteristics of submerged flexible plane nets in waves [J]. Aquacultural Engineering，2008，38：16—25.

[103] Li YC, Zhao YP, Gui FK, et al. Numerical simulation of the influences of sinker weight on the deformation and load of net of gravity sea cage in uniform flow [J]. Acta Oceanologica Sinica，2006，25(3)：125—137.

[104] Wu CW, Gui FK, Li YC, et al. Hydrodynamic coefficients of a simplified floating system of gravity cage in waves [J]. Journal of Zhejiang University Science A，2008，9(5)：654—663.

[105] Brebbia CA, Walker S. dynamic Analysis of Offshore Structures [M]. Newnes—Butterworths，1979，109—143.

[106] Li YC, Gui FK, Teng B. Hydrodynamic behavior of a straight floating pipe under wave conditions [J]. Ocean Engineering，2007，34(3—4)：552—559.

[107] Bhatt RB, Dukkipati RV. Advanced dynamics [M]. Alpha Science International, Ltd. , UK, 2001, 213—219.

[108] Théret F. Etude de l' équilibre de surfaces reticules places dans un courant

uniforme（application aux chalets）. T）［D］. Ecole Centrale de Nantes, Université de Nantes, 1993.

［109］ Wilson BW. Elastic characteristics of moorings ［J］. ASCE Journal of the Waterways and Harbors. Division, 1967, 93（WW4）, 27—56.

［110］ Gerhard K. Fiber Ropes for Fishing Gear ［R］. FAO Fishing Manuals, Farnham, UK, Fishing News Books Ltd. , 1983, 81—124.

［111］ Choo YI, Casarella MJ. Hydrodynamic resistance of towed cables ［J］. Journal of Hydronautics, 1971, 126—131.

［112］ Fredheim A, Faltinsen OM. Hydroelastic anslysis of a Fishing net in steady inflow conditions ［C］. In: Proceeding of 3rd International Conference on Hydroelasticity in Marine Technology. University of Oxford, Oxford, Great Britain, 2003, 3: 1—10.

［113］ Walton TS, Polacheck H. Calculation of nonlinear transient motion of cables ［R］. D. T. M. B. Report 1279, 1959.

［114］ Wilhelmy V, Fjeld S, Schneider S. 1981. Nonlinear response analysis of anchorage systems for compliant deep water platforms ［C］. In: OTC paper 4051, 1981.

［115］ Wilhelmy V, Fjeld S. Assessment of deep water anchoring based on their dynamic behavior ［C］. In: OTC paper 4174, 1982.

［116］ Nakajima T, Motora S, Fujino M. On the dynamic analysis of multi—component mooring lines ［C］. In: OTC paper 4309, 1982.

［117］ Webster RL. An application of the finite element method to the determination of nonlinear static and dynamic responses of underwater cable structures ［R］. In: General Electric Technical Information Series Report R76Emh2, Syracuse, New York, 1976.

［118］ 桂福坤. 深水重力式网箱水动力特性研究 ［D］. 大连, 大连理工大学, 2006.

［119］ Gerhard Klust 编著, 钟若英译. 纤维绳索 ［M］. 上海水产大学, 1988.

［120］ Ochi MK. Ocean Waves: The Stochastic Approach ［M］. New York, Cambridge University Press, 1998.

[121] Bendat JS, Peirsol AG. Random Data: Analysis and Measurement Procedures [M]. New York, Wiley, 1986.

[122] Zhao YP, Li YC, Dong GH, Gui FK. The selection of wave theory in the simulation of hydro*d*ynamic behavior of gravity cage [C]. The 17th international offshore and polar engineering conference, Lisbon, Portugal, 2007.

[123] Goda Y. A comparative review on the functional forms of directional wave spectrum [J]. Coastal Engineering Journal, 1999, 41(1): 1−20.

[124] Charkrabarti SK. Offshore Structure Modeling [M]. Singapore, World Scientific Publishing Company, 1994, p. 470.

[125] Williams JG, Miyase A, Li DH, Wang SS. Small − scale testing of damaged synthetic fiber mooring ropes [C]. In Proceedings of the Offshore Technology Conference, OTC 14308, Houston, Texas, USA, 2002, p. 2717−2729.

[126] Gao Z. Stochastic response analysis of mooring systems with emphasis on frequency domain analysis of fatigue due to wide band response processes [D]. Norwegian University of Science and Technology, Norway, 2008.

[127] Low YM. Extending a time/frequency domain hybrid method for riser fatigue analysis [J]. Applied Ocean Research, 2011, 33:79−87.

[128] American Society for Testing and Materials (ASTM, 1985). Standard Practices for Cycle Counting in Fatigue Analysis [R]. ASTM−1985.

[129] Mandell JF. Modeling of marine rope fatigue behavior [J]. Textile Research Journal, 1987, 57, 318−330.

[130] Berryman C, Banfield S J, Flory JF. Durability of Polyester Deepwater Mooring Lines [J]. Sea Technology, 2007, 48(7): 29−32.

[131] Barltrop NDP, Adams AJ. *d*ynamics of fixed marine structures [M]. Butterworth Heinemann, MTD, 1991.

[132] Almar − Naes A. Fatigue Handbook [M]. Tapir Publishers, Trondheim, 1985.

[133] Moan T. "Wave loading." Chapter 5, dynamic loading and design of structures [M]. Taylor & Francis, London, 2001, 175—230.

[134] Blevins RD. Applied Fluid dynamics Handbook [M]. New York, Van Nostrand Reinhold Company, 1984.

[135] Winkler MM, McKenna HA. The polyester rope taut leg mooring concept: a feasible means of reducing deepwater mooring cost and improving stationkeeping performance [J]. OTC 7708, Houston, 1995, 141—151.

[136] Tsukrov I, Ozbay M, Fredriksson D W. Open ocean aquaculture engineering: numerical modeling [J]. Marine Technology Society Journal, 2000, 34(1): 29—40.

[137] Li YC. Wave Action on Maritime Structures [M]. China, Dalian University of Technology Press, 1990, 274—312.

[138] Hedges TS, Lee BW. The equivalent uniform current in wave—current computations [J]. Coastal Engineering, 1992, 16: 301—311.

[139] Huang CC, Pan JY. Mooring line fatigue: a risk analysis for an SPM cage system [J]. Aquacultural Engineering, 2010, 42(1): 8—16.

[140] Forster JA. Cost Trends in Farmed Salmon [M]. Department of Commerce and Economic Development, 1995, p. 40.